U0109882

陳大達（筆名：小瑞老師）●著

飛行原理重點整理
及歷年考題詳解

作者序

一、目前航空學校甚多，但證照考試分飛丙、飛乙、CAA 以及 FAA 等，飛丙證照由於獲得證照的人數太多，對求職幾乎是沒有任何幫助。但是飛乙、CAA 以及 FAA 等證照考到的機會比考公職考試還難，而且 CAA 與 FAA 單是受訓就要二、三十萬，結訓出來還不一定找到工作。

二、一般人都以為軍公教是鐵飯碗，但是由於國家大量裁軍、社會少子化以及其他種種因素，目前以公務人員的工作最穩定。

三、公務人員的福利優渥，除了穩定的調薪制度以及可以透過升等考試向上爭取升遷的機會之外，另外還有子女教育補助、婚喪生育補助、急難貸款、公教人員優惠儲蓄存款、購置住宅輔助貸款，年終獎金和本人及眷屬公保及各項津貼等，所以許多人都紛紛報考。

四、民航特考是所有公職人員薪資最高的工作之一，但是由於考試科目除了 空氣動力學與飛行原理（二選一）之外，都屬於文科，所以應考人都以文科的學生居多。然而由於其缺乏理工基礎，坊間民航特考考試叢（套）書均註明**缺空氣動力學與飛行原理的考試用書，且因民航特考的考題並未公布答案**，所以讓文理工科的學生均有無從下手之感。

五、一般人會懷疑飛行原理這科是從 96 年民航特考才開始考的，哪來的考古題？其實對航空界的國家考試有基本認識的人都知道：每年高考航空駕駛都有考此一科目，因此，在準備這科時應將同一性質的考古題當成題庫。

六、本書是針對歷年（92-100 年）飛航管制、航空通信以及航空駕駛民航人員高（特）考題目做詳細解析，並依據考題做重點整理與考題趨勢預測，除此之外，針對文科學生數理觀念不足處做重點加強，相信應能讓應試學生儘快掌握考題方向與輕鬆解題。

七、本書能夠出版首先感謝本人父母陳光明先生與陳美鸞女士的大力栽培，內人高瓊瑞小姐在撰稿期間諸多的協助與鼓勵。除此之外，承蒙秀威資訊科技股份有限公司惠予出版以及黃姣潔小姐的細心編排，在此一併致謝。

民航特考介紹

一、考試等別、類科組及暫定需用名額：

　　　公務人員特種考試民航人員考試：

（一）考試等別：三等考試及四等考試。

（二）科別及暫定需用名額：民航特考三等設飛航管制、飛航
　　　諮詢、航空通信及航務管理等四科別，四等設飛航諮詢、
　　　航空通信及航務管理等三科別。

　　　**暫定需用名額得視考試成績及用人需要，擇優增減錄
取。用人機關如有臨時用人需要，於典試委員會決定錄取標
準前，經考試院核定，得增加需用名額。**

二、考試日期：

1. 第一試：預計於每年 9 月左右招考

　　　惟考試日期得視外語口試應考人數及試場設置情形需要
予以延長。

2. 第二試：預計於每年 12 月左右舉行，實際日期須視典試委員
會決議而定。

三、考試地點：僅設臺北考區。

四、其餘考試相關規定依「公務人員特種考試民航人員考試規則」之規定辦理。

五、報名有關規定事項：

（一）報名日期：

　　預計於每年6月中下旬報名。

（二）報名方式：

　　民航特考一律採網路報名，應考人請以電腦登入考選部全球資訊網，應考人進入前項系統登錄報名資料完成後務必下載列印報名書表，連同應考資格證明文件及繳款證明等，以掛號郵寄至指定地點。

六、應考人為身心障礙者、原住民、後備軍人或低收入戶、特殊境遇家庭，應繳規費予以減半優待。

【分發單位】

　　民航特考順利考取後，主要分發單位為交通部民航局所屬單位。民航局目前共設有十六個航空站管轄機場業務，包括由民航局直接督導之高雄國際航空站、臺北國際航空站、花蓮航空站、馬公航空站、臺南航空站、臺東航空站、金門航空站、臺中航空站及嘉義航空站等九個航空站，以及由臺北國際航空站督導之北竿航空站與南竿航空站、高雄國際航空站督導之恆春航空站、馬公航空站督導之望安航空站與七

美航空站、臺東航空站督導之綠島航空站與蘭嶼航空站。**並不是依照居住地分發，有可能分發到其他縣市的單位。**

【薪資待遇】

　　公務人員的福利相當的優渥，除了穩定的調薪制度，亦可以透過升等考試向上爭取升遷的機會之外，另外還有子女教育補助、婚喪生育補助、急難貸款、公教人員優惠儲蓄存款、購置住宅輔助貸款，年終獎金和本人及眷屬公保及各項津貼等，此外若是進修還可以申請留職停薪等福利。此外，更令人羨慕的是，還有一筆退休金，一般而言，領退休金，每月大概可以領八成薪左右，活的越久，領的越多。近幾年民航特考皆以招考三等為主，受訓期間薪資通常以「委任四職等」給薪，大約三至四萬多，等通過訓練取得合格公務人員資格後，比照「薦任六職等」給薪，基本薪資及工作加給約五萬多左右，其餘還有獎金或加班費等福利。

contents 目次

歷年考古題

民航人員三等考試

飛航管制歷年考古題

參考網站：中華民國考選部網站

（網址：http://wwwc.moex.gov.tw/main/exam/wFrmExamQandASearch.aspx?me）

96 年民航人員考試試題

等　　別：三等考試
科　　目：飛航管制
考試時間：二小時
※注意事項：
（一）不必抄題，作答時請將試題題號及答案依照順序寫在
　　　試卷上，於本試題上作答者，不予計分。
（二）得使用電子計算器。

一、何謂可壓縮流（compressible flow）與不可壓縮流（incompressible
　　flow）？（10分）一般民航機在進行巡航（cruise）飛行時，
　　其機身外面的流場是屬於那一種？試解釋說明之。（10分）

二、假若有一個低速風洞（low speed wind tunnel）的進口截面
　　積為 A_1、空氣的壓力為 P_1、密度為 ρ_1。而風洞測試段內的
　　截面積為 A_2、空氣壓力為 P_2，然而空氣密度保持不變，且
　　摩擦損失亦不計。假設此風洞的進口空氣速度為 V_1，則測
　　試段內的風速 V_2 應為多少？（10分）當有一架飛機模型置
　　於此風洞的測試段內進行性能測試，若此模型的截面積
　　（cross section area）約占測試段截面積的 8%，則此時測試
　　段的風速 V_2 變為多少？（10分）

三、試說明一架飛機以慢速飛行時所受到的阻力（drag）有那些？（6分）如果以超音速飛行時，則又有那些阻力產生？（6分）並約估與說明這些阻力占全部阻力的百分比有多少？（8分）

四、試解釋（或定義）一架飛機的航程（range）所指為何？（7分）又定義一架飛機的滯空時間（endurance）為何？（7分）同時討論兩者有何不同？（6分）

五、試討論一架飛機在進行等速爬升（climbing）飛行時所受到的基本力（basic forces）有那些？（8分）請繪簡圖說明之，並導出它們的關係式。（12分）

97 年民航人員考試試題

等　　別：三等考試
科　　目：飛航管制
考試時間：二小時
※注意事項：

（一）不必抄題，作答時請將試題題號及答案依照順序寫在
　　　試卷上，於本試題上作答者，不予計分。

（二）得使用電子計算器。

一、一架飛機以時速 700 公里（km/hr）在高度為 10 公里（km）
　　進行巡航（cruise）飛行。若機身外面空氣量得的溫度為
　　223.26 K（Kelvin），壓力為 2.65×10^4 牛頓／公尺^2
　　（N/m^2），密度為 0.04135 公斤／公尺^3（kg/m^3）。已知
　　氣體常數（gas constant）為 287 公尺^2／秒^{2}K（m^2/sec^{2}K）。
　　試計算在此高度的聲音速度（speed of sound）。（10 分）而
　　此時飛機的飛行馬赫數（Mach number）為多少？（10 分）

二、一架民航機在高度為 H 且以 V_1 的速度做巡航飛行時，假
　　若此高度的空氣壓力為 P_1、溫度為 T_1、密度為 ρ_1。若不考
　　慮可壓縮效應，且忽略摩擦損失，則當飛機上某一點的速
　　度變為 V_2 時，則此點的壓力變為多少？（10 分）若考慮

可壓縮效應時，則此點的壓力是增加或減少？試解釋其原因。（10分）

三、何謂寄生阻力（parasite drag）？（7分）何謂誘導阻力（induced drag）？（7分）何者會受飛行升力所影響？試解釋說明之。（6分）

四、民航機的推進系統大致上可分為螺旋槳式（Propeller-driven）與噴射式（Jet-driven）兩類，就飛機的飛行速度與飛行高度為考量，飛機如何選用上述的引擎配合使用？原因何在？試詳細說明之。（20分）

五、就飛行力學的觀點，一架飛機要作六個自由度（degree of freedom）的穩定飛行，請問是那六個自由度？（10分）若飛機要作穩定控制時，其相對的控制舵面（control surfaces）分別為何？試說明之。（10分）

98 年民航人員考試試題

等　　別：三等考試

科　　目：飛航管制

考試時間：二小時

※注意事項：

（一）不必抄題，作答時請將試題題號及答案依照順序寫在
試卷上，於本試題上作答者，不予計分。

（二）得使用電子計算器。

一、何謂空速計（Airspeed Indicator）？（5分）它的使用原理
為何？（5分）可能造成空速計的誤差有那些？（10分）

二、常用的飛機座標系統有體座標（Body Axis Frame）與風座
標（Wind Axis Frame）兩種，請以直角座標的三個軸（X, Y,
Z）的方式，分別討論這三個座標軸在這兩種座標的定義，
並請繪圖表示之。（14分）而在何種飛行條件下，這兩種
座標是合而為一的（coincide together），為什麼？（6分）

三、機場起降的飛機經常需要排班等待前行飛機起飛或降落一
段時間，為什麼？（10分）這也經常造成機場在尖峰時刻
擁擠的原因，如何克服這種困難？（10分）

四、一架飛機質量為 4000kg，翼面積為 50m^2。假設此飛機在高空飛行時突然失去動力（lost power），而必須以滑行（gliding）方式迫降。若此飛機保持 C_L=0.975 與 L/D=10.15，空氣密度為 1.225kg/m^3。試計算下列問題：

（一）此時飛機的運動方程式為何？（8分）

（二）此時飛機的向下滑行角度（Gliding angle）為何？（6分）

（三）此時的滑行速度（Gliding speed）為何？（6分）

五、

（一）若一架飛機在飛行時要保持在縱向（Longitudinal direction）的靜態穩定（Static stability），其條件為何？（10分）

（二）接（一），若飛機碰到亂流（Turbulence）或陣風（Wind gust），此時必須考慮動態的條件，請問如何達成動態穩定（Dynamic stability）？（10分）

100 年民航人員考試試題

等　　別：三等考試

科　　目：飛航管制

考試時間：二小時

※注意事項：

（一）不必抄題，作答時請將試題題號及答案依照順序寫在
試卷上，於本試題上作答者，不予計分。

（二）得使用電子計算器。

一、

（一）何謂負載因素（Load Factor）？（5分）

（二）當飛機以定速（V∞）作水平巡航（Level cruise）時，
此時的負載因素為何？（7分）

（三）接（二），若此飛機以相同速度（V∞）作半徑為 R 的
爬升飛行（Pull-up flight）時，此時的負載因素為何？
（8分）

二、

（一）何謂飛機的失速（Stall）？（6分）

（二）何謂飛機的失速速度（Stall speed）？（6分）

（三）飛機飛行時，如何避免失速的發生？（8分）

三、

（一）飛機起飛與降落（Take-off and landing）時，安全的速度控制很重要，請問此安全速度會由什麼條件所決定（或控制）？為什麼？（10分）

（二）接（一），降低飛機的起飛與降落速度以保持飛行安全及舒適相當重要，試從飛行原理，說明如何降低飛機的起飛與降落時的速度？（10分）

四、

（一）一般的固定翼（Fixed wing）飛機都設計成縱向面對稱（Longitudinal plane of symmetry），請討論要達成此種對稱的條件有那些？（8分）

（二）接（一），但雖然如此，往往固定翼飛機在飛行時可能會發生氣動力非對稱（Aerodynamic asymmetry），或者是慣性非對稱（Inertial asymmetry）的情形，請詳細討論其原因？（12分）

五、

（一）何謂飛機的配平（Trim）？（8分）

（二）若飛機作穩定飛行時，它的配平條件（Trim condition）為何？（8分）

（三）接（二），如果飛機飛行時未滿足配平條件，則該飛機的飛行行為（Flight behavior）為何？（4分）

民航人員三等考試

航空通信歷年考古題

參考網站：中華民國考選部網站

（網址：http://wwwc.moex.gov.tw/main/exam/wFrmE xamQandASearch.aspx?menu_id=156&sub_menu_id= 171）

97 年民航人員考試試題

等　　別：三等考試

科　　目：航空通信

考試時間：二小時

※注意事項：

（一）不必抄題，作答時請將試題題號及答案依照順序寫在試卷上，於本試題上作答者，不予計分。

（二）得使用電子計算器。

一、一架飛機以時速 700 公里（km/hr）在高度為 10 公里（km）進行巡航（cruise）飛行。若機身外面空氣量得的溫度為 223.26 K（Kelvin），壓力為 2.65×10^4 牛頓／公尺^2（N/m^2），密度為 0.04135 公斤／公尺^3（kg/m^3）。已知氣體常數（gas constant）為 287 公尺^2／秒^{2}K（m^2/sec^{2}K）。試計算在此高度的聲音速度（speed of sound）。（10 分）而此時飛機的飛行馬赫數（Mach number）為多少？（10 分）

二、一架民航機在高度為 H 且以 V_1 的速度做巡航飛行時，假若此高度的空氣壓力為 P_1、溫度為 T_1、密度為 ρ_1。若不考慮可壓縮效應，且忽略摩擦損失，則當飛機上某一點的速度變為 V_2 時，則此點的壓力變為多少？（10 分）若考慮可壓

縮效應時，則此點的壓力是增加或減少？試解釋其原因。
（10分）

三、何謂寄生阻力（parasite drag）？（7分）何謂誘導阻力
（induced drag）？（7分）何者會受飛行升力所影響？試
解釋說明之。（6分）

四、民航機的推進系統大致上可分為螺旋槳式（Propeller-driven）
與噴射式（Jet-driven）兩類，就飛機的飛行速度與飛行高
度為考量，飛機如何選用上述的引擎配合使用？原因何
在？試詳細說明之。（20分）

五、就飛行力學的觀點，一架飛機要作六個自由度（degree of
freedom）的穩定飛行，請問是那六個自由度？（10分）若
飛機要作穩定控制時，其相對的控制舵面（control surfaces）
分別為何？試說明之。（10分）

100 年民航人員考試試題

等　　別：三等考試

科　　目：航空通信

考試時間：二小時

※注意事項：

（一）不必抄題，作答時請將試題題號及答案依照順序寫在
　　　試卷上，於本試題上作答者，不予計分。

（二）得使用電子計算器。

一、

（一）何謂負載因素（Load Factor）？（5分）

（二）當飛機以定速（V∞）作水平巡航（Level cruise）時，
　　　此時的負載因素為何？（7分）

（三）接（二），若此飛機以相同速度（V∞）作半徑為 R 的
　　　爬升飛行（Pull-up flight）時，此時的負載因素為何？
　　　（8分）

二、

（一）何謂飛機的失速（Stall）？（6分）

（二）何謂飛機的失速速度（Stall speed）？（6分）

（三）飛機飛行時，如何避免失速的發生？（8分）

三、

（一）飛機起飛與降落（Take-off and landing）時，安全的速度控制很重要，請問此安全速度會由什麼條件所決定（或控制）？為什麼？（10分）

（二）接（一），降低飛機的起飛與降落速度以保持飛行安全及舒適相當重要，試從飛行原理，說明如何降低飛機的起飛與降落時的速度？（10分）

四、

（一）一般的固定翼（Fixed wing）飛機都設計成縱向面對稱（Longitudinal plane of symmetry），請討論要達成此種對稱的條件有那些？（8分）

（二）接（一），但雖然如此，往往固定翼飛機在飛行時可能會發生氣動力非對稱（Aerodynamic asymmetry），或者是慣性非對稱（Inertial asymmetry）的情形，請詳細討論其原因？（12分）

五、

（一）何謂飛機的配平（Trim）？（8分）

（二）若飛機作穩定飛行時，它的配平條件（Trim condition）為何？（8分）

（三）接（二），如果飛機飛行時未滿足配平條件，則該飛機的飛行行為（Flight behavior）為何？（4分）

民航人員三等考試
航空駕駛歷年考古題

參考網站：中華民國考選部網站

（http://wwwc.moex.gov.tw/main/exam/wFrmExamQa
ndASearch.aspx?menu_id=156&sub_menu_id=171）

92 年民航人員考試試題

等　　別：三等考試

科　　目：航空駕駛

考試時間：二小時

※注意事項：

（一）不必抄題，作答時請將試題題號及答案依照順序寫在
試卷上，於本試題上作答者，不予計分。

（二）禁止使用電子計算器。

一、

（一）一架飛機要能在等高情況下保持等速飛行，必須符合
力的平衡條件，請問飛機飛行中受那些力量作用？又
在此等高等速條件下，那些力要平衡？（10 分）

（二）飛機有三個主軸，飛機可以在此三主軸上移動
（translation）或轉動（rotation）此即所謂飛機之六個
運動自由度（six degrees of freedom），請定義飛機之
三個主軸（請以文字或畫圖詳細說明）。飛行時飛機
可以沿此三主軸旋轉，請問沿此三軸旋轉之運動如何
稱呼？又飛機如何運用其那些主要控制面（control
surface）來操縱控制此三軸之旋轉？以及如何保持穩
定？（請詳細說明）（15 分）。

二、現今飛機之推進系統主要是採用氣渦輪引擎（gas turbine engine），請問飛機之噴射推進氣渦輪引擎主要包括那些主要組件？各個組件之功能與作用各為如何？飛機引擎主要是依據噴射推進原理，驅動飛機往前推進，其推進原理與牛頓的作用力與反作用力定律有關，請問驅使飛機往前推進的力量從何而來？如何產生？（請詳細說明）這個推進力量的產生與上述飛機氣渦輪引擎的個別組件的對應關係又如何？（25分）

三、在機翼設計與實際飛行操控上，常困擾的兩個問題：一是機翼失速問題（wing stall problem），請問何謂機翼失速？其現象為何？又如何控制，或如何避免？另一為機翼臨界馬赫數（critical Mach number），請問何謂臨界馬赫數？這是如何的現象？對飛機與飛行有何影響？如何控制或避免？（25分）。

四、飛機引擎可以產生推進的力量，稱之為引擎推力（thrust force），請問推力如何定義？常用上，推力又如何以數學式表示？當然推力除了與引擎本身性能有關外，與操作之環境也有很大的關係，例如，在大氣中，我們知道大氣溫度隨離地表（海平面）高度，呈現不同變化，可以呈現三個區域，一為海平面到 11 公里（36150 英尺）之對流層（troposphere），溫度隨高度直線遞減，一為 11 公里上至

約 25 公里處，稱為同溫層（stratosphere），溫度維持不變，超出 25 公里溫度又隨高度遞增。請以圖表示推力個別與航速，大氣溫度，大氣壓力，大氣層高度的關係。（25 分）

93年民航人員考試試題

等　　別：三等考試

科　　目：航空駕駛

考試時間：二小時

※注意事項：

（一）不必抄題，作答時請將試題題號及答案依照順序寫在
　　　試卷上，於本試題上作答者，不予計分。

（二）得使用電子計算器。

一、在對流層（troposphere），大氣溫度 T 與高度 h 之關係式
如下：

$$T = T_1 + a(h - h_1)$$

式中，T_1、a 與 h_1 均為常數。若空氣可以假設為理想
氣體，其氣體常數為 R，重力加速度 g 設為常數。根據以
上假設，試導出空氣密度 ρ 與高度 h 之關係式。（20分）

二、試詳細說明飛機機翼的上反角（dihedral angle）如何影響飛
機滾轉方向的姿態穩定？（20分）

三、設有一飛機，其重量為 $W = 20,000$ 磅，參考面積為 $S = 250$
平方呎，在高度 $h = 36,000$ 呎（空氣密度 $\rho = 0.0006857$ 斯

辣／立方呎，音速 $V_S = 958.43$ 呎／秒），以馬赫（Mach）數 $M = 0.6$ 飛行。若升力係數 C_L 及俯仰力矩係數 C_m，可以分別以下列二式表示：

$$C_L = C_{L_0} + C_{L_\alpha}\alpha + C_{L_\delta}\delta_e$$

$$C_m = C_{m_0} + C_{m_\alpha}\alpha + C_{m_\delta}\delta_e$$

式中，α 為攻角，δ_e 為升降舵折角。其他係數為常數，設 $C_{L0} = 0.03$，$C_{L\alpha} = 5.84$（每弧度），$C_{L\delta} = 0.556$（每弧度），$C_{m0} = 0.04$，$C_{m\alpha} = -0.64$（每弧度），$C_{m\delta} = -1.52$（每弧度）。計算飛機在平飛配平（trim）狀態的攻角 α 與升降舵折角 δ_e（請以角度表示之，設 $\pi = 3.1416$）。（20分）

四、設有一噴射飛機，其阻力係數 C_D 可以下式表示：

$$C_D = C_{D_0} + KC_L^2$$

式中，C_{D0} 為零升力阻力係數，K 為升力誘導阻力因數（lift-induce drag factor），兩者均設為常數，C_L 為升力係數。假設飛機重量為 W，參考面積為 S。飛機每產生一磅推力，每小時消耗燃料 c 磅，燃料總重量為 W_{fuel}。飛機以等高度（空氣密度為 ρ）飛行。試以所給的參數：

（一）導出最低阻力之速度。（20分）

（二）導出最遠航程。（20分）

94 年民航人員考試試題

等　　別：三等考試

科　　目：航空駕駛

考試時間：二小時

※注意事項：

（一）不必抄題，作答時請將試題題號及答案依照順序寫在
　　　試卷上，於本試題上作答者，不予計分。

（二）禁止使用電子計算器。

一、當候鳥結隊飛行時，常採用「人」字形的飛行方式，請以
　　空氣動力學的觀點繪圖及說明其原因？（10 分）

二、請列出一般飛機於飛行時產生的兩大類共四種阻力，並請
　　分別說明此四種阻力產生的原因。（15 分）

三、請繪圖並說明使用襟翼（Flap）及翼條（Slat）可以產生較
　　高升力的原因，另請分別繪出使用（一）襟翼（二）翼條
　　（三）不使用襟翼及翼條時，其升力係數 C_L 對攻角 α 的曲
　　線圖。（25 分）

四、請寫出完整的柏努利方程式（Bernoulli's Equation），並請
　　繪圖及說明公式中的各符號意義。（25分）

五、若噴嘴（Nozzle）之截面積與速度關係式（Area-Velocity
　　Relation）如下：

$$\frac{dA}{A} = (M^2 - 1)\frac{dV}{V}$$

　　　請解釋公式中各符號之意義，另請繪圖及說明超音速
　　噴嘴之設計該如何？若噴嘴噴出之氣流超過音速，請以上
　　述公式說明為何噴嘴內氣流速度 M=1 之點會位於噴嘴喉部
　　（Throat）位置？（25分）

95 年民航人員考試試題

等　　別：三等考試

科　　目：航空駕駛

考試時間：二小時

※注意事項：

（一）不必抄題，作答時請將試題題號及答案依照順序寫在
試卷上，於本試題上作答者，不予計分。

（二）得使用電子計算器。

一、何謂穩定裕度（Static Margin）？飛機在飛行時，飛行員如
何改變其穩定裕度？如果此飛機為一非傳統式的前置翼
（Canard）飛機，則其穩定裕度有何變化？（20 分）

二、試詳細說明一般民用飛機翼剖面（Airfoil）產生升力的機制，
請務必包含庫塔條件（Kutta Condition）的作用。（20 分）

三、試說明翼端渦流（Trailing Vortices）的產生機制及其對飛
機起飛、降落時的影響，如一 19 人座之商務飛機在降落時
尾隨一 B747 客機之後，則需保持多少距離？（20 分）

四、飛機在進行五邊進場時，飛行員應如何操控、調整各控制面（Control Surfaces），試詳細說明之。（20分）

五、何謂失速？請詳細以圖形及方程式 $L = \frac{1}{2}\rho V_\infty^2 S C_L$ 說明失速之成因，另請說明如何避免翼端失速（Tip Stall）。（20分）

96 年民航人員考試試題

等　　別：三等考試

科　　目：航空駕駛

考試時間：二小時

※注意事項：

（一）不必抄題，作答時請將試題題號及答案依照順序寫在
　　　試卷上，於本試題上作答者，不予計分。

（二）得使用電子計算器。

一、如何決定一架飛機的飛行高度升限（Ceiling）？（10分）
　　同時討論飛機的高度升限受那些因素影響？（10分）

二、何謂飛機的氣動力中心（aerodynamic center，AC）？（5
　　分）何謂飛機的重心（center of gravity，CG）？（5分）何
　　謂靜態穩定（static stability）？（5分）該飛機要形成靜態
　　穩定的基本條件為何？（5分）

三、何謂失速（stall）？（4分）一架飛機發生失速的原因有那
　　些？（8分）以及討論如何防止失速的發生？（8分）

四、試討論皮氏管（Pitot tube）作為飛機空速計的工作原理為何？（10分）以及討論其產生誤差的原因，同時如何做修正或校正以減低誤差的方法？（10分）

五、假設地球大氣的對流層（troposphere, or gradient layer）由地表（或海平面）至高度11公里（km）處，而同溫層（stratosphere, or isothermal layer）則由11公里至高度25公里處。已知海平面的溫度為288.16K，壓力為1.01325×10^5 N/m²，而高度11公里處的溫度為216.66K，且假設氣體常數為287Nm/kgK。試計算：

（一）在同溫層與對流層的溫度隨高度的變化率（lapse rate）為何？（10分）

（二）在高度為20公里處的壓力與空氣密度為何？（10分）

97 年民航人員考試試題

等　　別：三等考試

科　　目：航空駕駛

考試時間：二小時

※注意事項：

（一）不必抄題，作答時請將試題題號及答案依照順序寫在
　　　試卷上，於本試題上作答者，不予計分。

（二）得使用電子計算器。

一、何謂需求推力（Required Thrust）？某架近代民用客機（如
　　波音 777）在相同速度、相同重量、但不同高度飛行時，低
　　高度（如近地面）或高高度（如 35000 英呎）二者何者之
　　需求推力較大？試詳述其原因。（20 分）

二、降落（Landing）與起飛（Take-off）何者較為困難？試說明
　　飛行員在降落時，需要調整或注意那些飛機性能參數與外
　　界環境因素。（20 分）

三、何謂臨界馬赫數（Critical Mach Number）？它與飛機之最
　　佳巡航速度有何關係？又為何具大後掠角（Swept Angle）
　　機翼之飛機其巡航速度較大？試說明之。（20 分）

四、飛機在高攻角姿態飛行時，可能發生流體分離（Separation）、新增尾流（Wake）及壓力阻力（Pressure Drag）等現象，吾人可否利用柏努利方程式（Bernoullis Equation）以說明此壓力阻力生成的原因？為什麼？（20分）

五、為何載客用之民用飛機必須使用兩具以上的發動機？另詳細說明如飛機在起飛且尚未離開地面時，發動機之一如熄火則飛行員應有的處置方式，為什麼？（20分）

98年民航人員考試試題

等　　別：三等考試

科　　目：航空駕駛

考試時間：二小時

※注意事項：

（一）不必抄題，作答時請將試題題號及答案依照順序寫在試卷上，於本試題上作答者，不予計分。

（二）得使用電子計算器。

一、試畫出任意三種一般客機（Boeing737, 747……等）尾翼的控制面（Control surfaces of tail），（10分）並分述其在飛行時的功能。（10分）

二、雷諾數（Reynolds number）定義為何？（8分）雷諾數對最大升力係數（Maximum lift coefficient）的影響為何？（6分）又何謂臨界雷諾數（Critical Reynolds number）？（6分）

三、近年來仿生學（Bio-mimicry）研究較盛行，試舉出人們模仿「昆蟲或植物」飛行的二個例子，（6分）並說明其原理（8分）及近代類似的飛行器有那些？（6分）

四、飛機發動機與機身整合是一複雜工程，發動機置放位置會
　　影響飛機的安全、控制、阻力……等。試列出後置發動機安
　　排（Aft-engine arrangement）的優點或缺點共五項。（20分）

五、飛機失事原因眾多，試列出其中人為因素（Human factor）
　　五項；（10分）並且由飛機失事分佈圖（Accident profiles）
　　中，可發現最易失事統計中有關飛行員的年紀、飛行時數、
　　飛行狀態大約為何？（10分）

99 年民航人員考試試題

等　　別：三等考試

科　　目：航空駕駛

考試時間：二小時

※注意事項：

（一）不必抄題，作答時請將試題題號及答案依照順序寫在
　　　試卷上，於本試題上作答者，不予計分。

（二）得使用電子計算器。

一、飛機於空中飛行的速度為 V_∞，而當時聲音的速度為 a_∞，請
　　以此兩速度表示飛機馬赫數（Mach Number）的公式為何？
　　（10 分）並請列出次音速、音速及超音速的馬赫數為何？
　　（10 分）

二、請繪圖說明飛機的上反角（Dihedral Angle）為何？（10 分）
　　並請說明上反角對飛機的飛行穩定有何幫助？（10 分）

三、請寫出下圖所標示□1 至□5 的飛機各部位專有名稱為何？
　　（10 分）並請說明其功能為何？（10 分）

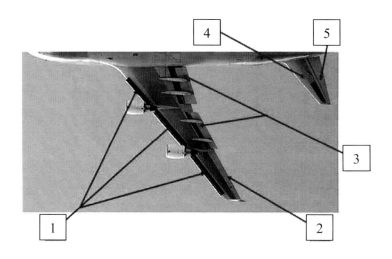

四、大型客機巡航速度多為 0.85 馬赫，因此機翼均採用梯形及
後掠角的設計（如上圖），請說明此設計可減少何種阻力？
（10 分）並請說明原理為何？（10 分）

五、飛機在飛行時產生的寄生阻力（Parasitic Drag）主要可分為
那三類？（10 分）並請說明產生的原因及如何減少此類阻
力？（10 分）

100 年民航人員考試試題

等　　別：三等考試

科　　目：航空駕駛

考試時間：二小時

※注意事項：

（一）不必抄題，作答時請將試題題號及答案依照順序寫在試卷上，於本試題上作答者，不予計分。

（二）得使用電子計算器。

一、請簡單繪製飛機尾翼圖型，其中包括：水平安定面（Horizontal Stabilizer）、垂直安定面（Vertical Stabilizer）、升降舵（Elevator）及方向舵（Rudder），並請分別說明其功能為何？（25 分）

二、若三維機翼之翼展（Span）為 b、機翼面積（Area）為 S、弦長（Chord）為 c，請依此推導出展弦比（Aspect Ratio；AR）公式 $AR = b^2/S$；其次，若三個機翼擁有相同之翼型（Airfoil）及不同的展弦比（如：$AR = 20$、10、5），請以攻角 α 為 X 軸，C_L 升力係數為 Y 軸，大略繪出各機翼升力係數曲線，亦請說明不同 AR 對升力係數曲線所造成之影響為何？（25 分）

三、請問飛機降落跑道並滑行時，所用的煞車裝置主要為哪三種？並請分別說明三種裝置各自運用何種力進行煞車。（25分）

四、若飛機飛行在 10000 公尺高空時的空氣密度為 ρ，此時飛機的真實空速（True Air Speed）為 V，請以前述符號表示空氣動壓（Dynamic Pressure）P_d 的公式，並請說明為何此時飛機的真實空速會比飛機空速表所顯示的指示空速（Indicated Air Speed）高很多？（25分）

考試趨勢
分析

一、一般人會懷疑民航特考飛行原理這個科目是從96年才開始考的，哪來的考古題？其實對航空界的國家考試有基本認識的人都知道：每年高考航空駕駛都有考此一科目，因此，在準備這個科目時，應該將同一性質的考古題當成題庫。

二、從飛行原理的考古題我們可以看出民航特考——飛行原理的考試可以分成名詞解釋、申論題與計算題三個部份。而就其試題內容可分成基本概念、大氣概況、柏努利方程式（Bernoulli's Equation）、飛機構造、飛機受力情況、飛機飛行速度區域、飛機飛行狀態、飛機性能、航空發動機、飛航管制以及飛行安全等十一大項。

三、從考試類型中我們可以看出「名詞解釋」最好拿分，「申論題」所佔比例最多，計算題最為棘手，但只要準備方法正確，相信在民航特考必定可得到不錯的成績。

重點整理

一、基本觀念篇

　　鑑於有些應試學生對飛機的基礎觀念與飛機飛行的性質沒有正確的認知，以致造成看不懂題目、無法破題以及解題錯誤的問題，因此本書在此做一簡單介紹，讓應試學生在開始準備考試前能掌握「基本觀念」，達到事倍功半的效果。

（一）飛機基礎觀念

1. 飛機飛行的三種狀態：

　　起飛、巡航及降落，如圖一示意圖所示。

巡航

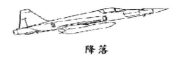

降落

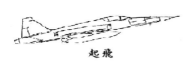

起飛

圖一

2. 飛機的運動：

　　如圖二所示，飛機是三度空間的自由體，所以有六個自由度，三個為前後、上下及左右三個移動和前後、上下及左右三面旋轉。簡單來說就是沿三個坐標軸的移動和繞三個坐標軸的轉動。

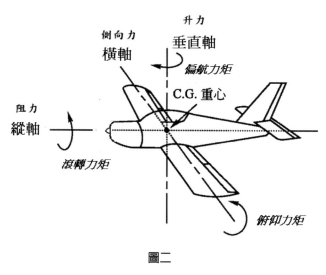

圖二

3. 飛機的機體結構（如圖三所示）：

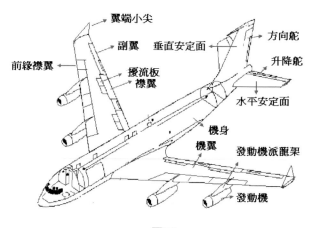

圖三

飛機的機體結構通常是由機翼、機身、尾翼和起落架以及發動機組成。各部份的功能概述如下：

（1）**機翼**：機翼是飛機產生升力的部件，機翼後緣有可操縱的活動面，靠外側的叫做副翼，用於控制飛機的滾轉運動，靠內側的則是襟翼，用於增加起飛著陸階段的升力。機翼內部通常安裝油箱，機翼下面則可供掛載副油箱和武器等附加設備。有些飛機的發動機和起落架也被安裝在機翼下方，機翼下面用來安裝副油箱、武器及發動機的裝置，我們稱之為派龍（pylon）。

（2）**機身**：機身的主要功用是裝載人員、貨物、設備、燃料和武器等，也是飛機其他結構部件的安裝基礎，將尾翼、機翼及發動機等連接成一個整體。

（3）**尾翼**：尾翼是用來平衡、穩定和操縱飛機飛行姿態的部件，通常包括垂直尾翼（垂尾）和水平尾翼（平尾）兩部分。垂直尾翼由固定的垂直安定面和安裝在其後部的方向舵組成，水平尾翼由固定的水平安定面和安裝在其後部的升降舵組成，一些型號的飛機升降舵由全動式水平尾翼代替。方向舵用於控制飛機的偏航（航向）運動，升降舵用於控制飛機的俯仰運動。

　　PS1：駕駛艙操控裝置一般為如下形式：

　　　　1. 控制桿：或者一個控制曲柄，固連在一根圓柱上，通過操縱副翼和升降舵控制飛機的滾轉和俯仰。

　　　　2. 方向舵踏板控制飛機的偏航。

PS2：在某些採用電傳操縱系統的固定翼機上，駕駛桿或
駕駛盤已經被簡化成位於駕駛員側方的操縱桿
（sidestick），也稱為「側桿」。

（4）**起落架：**起落架是用來支撐飛機停放、滑行、起飛和著陸
滑跑的部件，由支柱、緩衝器、剎車裝置、機輪和收放機
構組成。

（5）**航空發動機：**民航機的動力裝置的核心是航空發動機，主
要功能是用來產生或推力克服與空氣相對運動時產生的
阻力使飛機起飛與前進，一般的民航機所採用的發動機大
抵可分為渦輪噴射發動機、渦輪螺旋槳發動機以及渦輪風
扇發動機三種。

4. **飛機的配平：**

（1）所謂配平（Trim）就是利用裝置對操作面（副翼、升降舵、
方向舵）進行微調，來穩定航機的姿態及航向的功能，
這樣可以降低飛行員調整或保持希望的飛行姿態所需
的力量。

（2）根據 JANE'S Aerospace Dictionary 對 trim 的解釋：若飛機
作穩定飛行時，它的配平條件是飛機對飛機重心的全部殘
餘力矩等於零的情況。飛機在巡航時處於平衡（配平，
trim）狀態，此時升力等於重力，推力等於阻力，合力矩
為零，此時飛機以等速、等高度的直線飛行。

（3）如果飛機飛行時未滿足配平條件，則該飛機可能會產生俯
仰（Pitch）、翻滾（Roll）或偏航（Yaw）的情況，此時
就需要靠飛機配平（Trim）加以修正。

（二）飛機飛行性質

1. **密度 ρ**：為單位體積內的質量

$$\rho = \frac{m}{V}$$

2. **比容**：為單位質量內的體積

$$v = \frac{V}{m}$$

3. **壓力：**

   壓力的量度方式有

   （1）絕對壓力：以壓力絕對零值（絕對真空）為基準所量度的壓力。

   （2）相對壓力：以當地（local）的大氣壓力為基準所量度的壓力。**或稱錶示壓力**（gage pressure）。

   絕對壓力與絕對壓力之間的轉換關係為

$$P_{絕對壓力} = P_{大氣壓力} + P_{錶示壓力}$$

   所使用的單位有 N/m^2 或 Pa（pascal）（公制）
   psi（pound/inch^2） 或 lb/ft^2（pound/foot^2）（英制）

4. **溫度轉換：**

$$°F = 9/5 \times °C + 32$$

$$K = °C + 273.15 （公制的溫度轉換）$$

$$°R = °F + 459.67 （英制的溫度轉換）$$

   PS：空氣動力學的公式中用的壓力與溫度都是絕對溫度與絕對壓力，一般考生多未注意，致使雖然熟記公式，卻因未做轉換而造成計算錯誤，殊為可惜。

5. **黏滯性（viscosity）：**

　　當相鄰兩流體質點發生相對性的運動時，質點之間具有一性能會試圖阻止此一流動，該性能稱為流體的黏滯性（viscosity）。

6. **絕對黏度／動力黏度（absolute viscosity／dynamic viscosity）：**

　　根據牛頓黏滯定律 $\tau = \mu \dfrac{du}{dy}$，在此我們稱 μ 為絕對黏度。

7. **運動黏度（kinematics viscosity）：**

　　根據牛頓黏滯定律 $\tau = \mu \dfrac{du}{dy}$，在此我們稱 $\nu = \dfrac{\mu}{\rho}$ 為運動黏度。

8. **馬赫數的定義：** $M_a \equiv \dfrac{V}{a}$，在此 V 代表的是速度，a 代表的是聲（音）速。

　　PS1： 在民航考試常考的名詞解釋是「次音速流（Subsonic flow）、穿音速流（Transonic flow）與超音速流（Supersonic flow）」的意義，這個題目本來是送分題（觀念題），但多數同學因為受到某些網路或補習班解題的影響，均在考試回答「Ma>1 為超音速、Ma=1 為音速、Ma<1 為次音速」，以致原本可輕鬆得分的，卻連一分都無法獲得，殊為可惜，也因為觀念錯誤，導致許多衍生考題都造成連帶錯誤。

　　PS2： 「次音速流、穿音速流與超音速流」的意義請參考本書「名詞解釋篇」，這個觀念在民航考試衍生了無數的相關考題，說是民航考試的主題之一也不為過。

9. **雷諾數的定義：** $R_e \equiv \dfrac{\rho VL}{\mu} \equiv \dfrac{VL}{\upsilon}$

二、名詞解釋篇

在民航特考飛航管制＆航空通信飛行原理這個科目最容易得分的考題就是「名詞解釋」的考題，但大多數的考生因為未能掌握重點，所以無法獲得分數，更連帶地因為名詞解釋不熟悉，導致申論題與計算題看不懂，而無法得分。有鑑於此，在本書作者將其分成大氣概況、柏努利方程式（Bernoulli's Equation）、飛機構造、飛機受力情況、飛機飛行速度區域、飛機飛行狀態、飛機性能、航空發動機、飛航管制以及飛航安全等十個部份，方便應考學生記憶與學習。茲分述如下：

（一）大氣概況

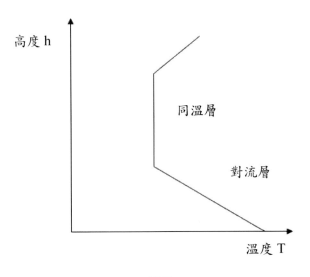

圖四

1. 定義：

　　大氣高度與溫度的關係如圖四示意圖所示，其定義如下述：

（1）**對流層**：由地表（或海平面）至高度 11 公里（36,250ft）處，在此區域內大氣溫度會隨高度成直線遞減，我們稱此區域為對流層（troposphere, or gradient layer）。

　　PS：溫度遞減率 $\alpha = -0.0065 \ K/m = -0.00356^0 R/ft$

（2）**同溫層**：由地表（或海平面）11 公里（36250ft）之高處再向上到差不多 25 公里（82,300ft）處，在此區域內大氣溫度保持不變，我們稱此區域為同溫層（stratosphere, or isothermal layer）。

2. 參考參數與性質（海平面的溫度、壓力、密度與重力加速度）：

$$T_0 = 216.6K = 289.99^0 R$$

$$P_0 = 1.01325 \times 10^5 \ N/m^2 (P_a) = 2116.2 lb/ft^2$$

$$\rho_0 = 1.225 kg/m^3 = 0.002377 slug/ft^3$$

$$g_0 = 9.8 m/s^2 = 32.17 ft/s^2$$

（二）柏努利方程式（Bernoulli's Equation）

1. 定義：

　　若考慮高度的差異，柏努力方程式為

$$P_1 + \frac{1}{2}\rho V_1^2 + \rho g h_1 = P_2 + \frac{1}{2}\rho V_2^2 + \rho g h_2 = cons \tan t$$

　　若忽略高度的差異，則柏努力方程式可化簡為

$$P_1 + \frac{1}{2}\rho V_1^2 = P_2 + \frac{1}{2}\rho V_2^2 = cons \tan t$$

我們可將上式寫成通用公式 $P + \frac{1}{2}\rho V^2 = P_t$

2. 靜壓、動壓及全壓之定義：

（1）靜壓：根據柏努力方程式 $P + \frac{1}{2}\rho V^2 = P_t$，在此「P」我們稱之為靜壓，是指當時的大氣壓力。

（2）動壓：根據柏努力方程式 $P + \frac{1}{2}\rho V^2 = P_t$，在此「$\frac{1}{2}\rho V^2$」我們稱之為動壓，是指飛機飛行速度所產生的的壓力。

（3）全壓：根據柏努力方程式 $P + \frac{1}{2}\rho V^2 = P_t$，在此「$P_t$」我們稱之為全壓，是指靜壓與動壓的總和。

> PS：由於「柏努利方程式」在坊間書籍與民航考題的翻譯多不相同，有的人翻成「柏努利方程式」，有的翻成「白努力方程式」，這二種翻譯都代表同一個意義，民航考題在此名詞後都會做刮弧附上英文，避免考生誤解，建議考生以考試題目的翻譯來作答，避免讓閱卷老師誤會或不快，導致不必要的扣分。

3. 不可壓縮流與可壓縮流的定義（柏努力方程式的存在條件之一）：

所謂不可壓縮流（incompressible flow）是假設流體流場的密度為 ρ 可忽略不計，而可壓縮流（compressible flow）是不可以將流體流場的密度為 ρ 忽略不計。

> PS1：不可壓縮流是假設流體流場的密度為 ρ 可忽略不計，通常是在低速（Ma<0.3）的情況下，始可做此假設。

> PS2：由於不可壓縮流是柏努力方程式的存在條件之一，所以「在民航考題航務管理＿空氣動力學」這個科目常

在觀念題與計算題考「如何判定流場是不可壓縮流流場」的問題，雖然至目前為止，「飛行原理」這個科目還未考類似的題目，但仍建議考生準備。

4. 空速計（柏努力方程式的應用）：

所謂空速計（Airspeed Indicator）是測量和顯示航空器相對周圍空氣的運動速度的儀表。

PS：由於「Airspeed Indicator」在坊間書籍或航空業界多翻譯成「空速表」，但在民航考題飛航管制 98 年考題，出題老師翻譯成「空速計」，這二種翻譯都代表同一個意義，民航考題在此名詞後都會做刮弧附上英文，避免考生誤解，建議考生以考試題目的翻譯來作答，避免讓閱卷老師誤會或不快，導致不必要的扣分。

（三）飛機構造

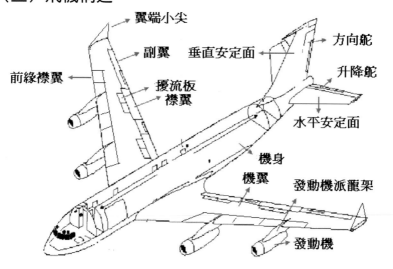

圖五

1. **垂直安定面（Vertical stabilizer）**：飛機的垂直安定面的作用是使飛機在偏航方向上（即飛機左轉或右轉）具有靜穩定性。

2. **水平安定面（Horizontal Stabilizer）**：飛機的水平安定面的作用是使飛機在俯仰方向上（即飛機擡頭或低頭）具有靜穩定性。

3. **升降舵（Elevator）**：是使機頭上下移動之控制面。

4. **方向舵（Rudder）**：是使機頭左右移動之控制面。

5. **副翼（Airelon）**：是使機身左右滾轉之控制面。

6. **襟翼（Flap）**：主要功能為增加機翼面積使其增加升力（同時也會產生阻力），一般用於起飛時，增加升力以及下降時，增加阻力。

    PS：對具有襟翼之機翼而言，襟翼放出時可使機翼面積加大，同時加大有效攻角，故升力增加，但同時阻力也一併增加了。所以如何在適當的時機將襟翼放下至正確的角度是相當重要的。例如在起飛時，襟翼最多只能放出大約全行程的三分之一到一半，以增加升力而不增加太多的阻力；但降落時則同時須增加升力與阻力以減低速度並保持足夠之升力，所以經常被放到全行程位置。

7. **擾流板（Spoiler）**：安裝在機翼上表面可被操縱打開的平板，可用於減小升力、增加阻力和增強滾轉操縱。當兩側機翼的擾流板對稱打開時，此時的作用主要是增加阻力和減小升力，從而達到減小速度、降低高度的目的，因此也被稱為減速板；而當其不對稱打開時（通常由駕駛員的滾轉操縱而引

發），兩側機翼的升力隨之不對稱，使得滾轉操縱功效大幅度增加，從而加速飛機的滾轉。

（四）飛機受力情況

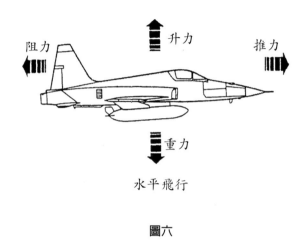

圖六

1. **飛機飛行所受的四種力：**升力（Lift）、阻力（Drag）、推力（Trust）及重力（Weight）。

   PS：千萬不要和飛機飛行所受的四種阻力攪混。

2. **在設計飛機時，我們希望提高升力與推力，降低阻力，希望各位同學掌握此要點準備。**

☆相關名詞解釋

1.升力部份：

（1）**凱爾文定理（Kelvin's Circulation Theorem）：**對於無黏性流體渦流強度不會改變。我們稱為凱爾文定理。

（2）**庫塔條件（Kutta-Condition）**：對於一個具有尖銳尾緣之翼型而言，流體無法由下表面繞過尾緣而跑到上表面，而翼型上下表面流過來的流體必在後緣會合。如果後緣夾角不為 0，則後緣為停滯點，表示速度為 V1＝V2＝0（因為沿流線方向則速度會有兩個方向，對同一後緣點而言不合理，所以只能為 0），如果後緣夾角為 0，同一點 P 相等，則 V1＝V2≠0，由上述也可知，在尖尾緣處，其上下翼面的壓力相等。

（3）**失速（Stall）**：在低攻角的時候，升力會隨著攻角上升，但是到達臨界攻角時，機翼會產生流體分離現象，此時，升力會大幅下降，飛機將無法再繼續飛行，我們稱之為失速。

（4）**臨界攻角（Critical Angle of Attack）**：在低攻角的時候，升力會隨著攻角上升，但是攻角到達某一度數時，機翼會開始產生流體分離現象，造成飛機失速，我們稱此一攻角為臨界攻角。

PS1：飛機失速與發動機失速原因千萬不要攪混。

PS2：臨界攻角又叫失速攻角，雖然稱呼不同，但所指的意思是一樣的。

2. **阻力部份**

（1）**形狀阻力／壓力阻力（Form drag／Pressure drag）**：物體形狀所造成的阻力（物體前後壓力梯差所引起的阻力），飛機做得越流線形，形狀阻力就越小。

（2）**摩擦阻力**（**Skin friction drag**）：空氣與飛機摩擦所產生的阻力。

（3）**干擾阻力**（**Interference drag**）：空氣流經飛行物各組件交接點時所衍生出來的阻力。

PS：其中形狀阻力及表面摩擦力之和也稱為型阻（profile drag），而寄生阻力（Parasitic drag）＝形狀阻力＋摩擦阻力＋干擾阻力。

（4）**誘導阻力**（**Induced drag**）：機翼的翼端部因上下壓力差，空氣會從壓力大往壓力小的方向移動，而從旁邊往上翻，因而在兩端產生渦流，因而產生阻力。

PS：當飛機接近地面時誘導阻力減少，翼端升力增大可延長滑行距離，這種效果叫地面效應，越接近地面效應越明顯。

（5）**（震）波阻力**（**Wave Drag**）：因為震波的形成所產生的阻力，我們稱之為波阻力（Wave Drag），通常在馬赫數到達 0.8 的時候，震波開始出現，此時我們必須考慮波阻力造成的影響。

（6）**導致攻角**（**Induced Angle of Attack**）：機翼的翼端部因上下壓力差，空氣會從壓力大往壓力小的方向移動，而從旁邊往上翻，使得有效攻角變小，並造成額外的阻力，我們稱這種阻力為誘導阻力，而原本的攻角與有效攻角之差為導致攻角（Induced Angle of Attack）。

（7）**尾流效應（Wake effect）**：當機翼產生升力時，機翼下表面的壓力比上表面的大，而機翼長度又是有限的，機翼的翼端部因上下壓力差，所以下翼面的高壓氣流會繞過兩端翼尖，向上翼面的低壓區流去，就造成由外往內的渦流。跟在大飛機後面起降的小飛機，如果距離太近會被捲入大飛機留下翼尖渦流中，而發生墜機事故。這也就是機場航管人員管制飛機起降，通常要有一定隔離時間的原因。

（8）**翼端小翼（Winglet）**：設置在翼尖處，並向上翹起之平面，能透過改變翼尖附近的流場從而削減翼尖因上下表面壓力不同所產生之渦流。

（9）**超臨界機翼剖面（Supercritical Airfoil）**：飛機巡航速度受到穿音速時阻力驟增的限制，利用後掠翼可使機翼的臨界馬赫數增加，到 0.87 左右（傳統翼型約為 0.7），若想要更延遲臨界馬赫數，則一個重要方法為使用超臨界機翼，目前超臨界翼型可使飛機在馬赫數到 0.96 左右，上表面才會出現馬赫數等於 1 的現象，且機翼上曲面局部超音速現象會被消彌，也就是無震波出現。超臨界機翼的特徵為上表面比較平坦，使得飛機飛行的速度速度超過臨界馬赫數後，為一無明顯加速的均勻超音速區域，由於上表面較平坦，所以升力減小，為了補足升力，一般會將後緣的下表面做成內凹以增加後段彎度，其能增加升力。

3. 推力部份：

（1）推力重量比（Thrust to weight ratio）： 代表發動機推力與發動機本身重量之比值，愈大者性能愈好。

（2）燃油消耗率（Specific thrust；SFC）： 又稱為單位推力小時耗油率，是指耗油率與推力之比，公制單位為 kg/N-h，愈小者愈省油。

 PS：在實際應用中，燃油消耗率（SFC）往往指的不是燃料的自身，而是評量發動機系統優劣的依據。因為燃油消耗率的大小與氧化劑配比、系統設計的優劣程度以及噴口外界環境（壓力）有關。

（3）旁通比（bypass ratio）： 即渦輪風扇發動機外進氣道與內進氣道空氣流量的比值。

 PS：高旁通比發動機在次音速時有非常好的效能，通常用於客機、運輸機和戰略轟炸機等，而低旁通比發動機通常配有後燃器，以高油耗為代價，獲得更大的推力，可用於超音速飛行，通常用於戰鬥機。

（五）飛機飛行速度區域

1. 次音速流（Subsonic flow）、穿音速流（Transonic flow）與超音速流（Supersonic flow）

 $M_a < 0.8$ 我們稱此區域的流場為次音速流，**整個流場無震波產生。**

$0.8 < M_a < 1.2$　我們稱此區域的流場為穿音速流，震波首次出現，**整個流場分成次音速流與超音速流。**由於流場混合的緣故，欲在穿音速流做動力飛行，是非常困難。

$1.2 < M_a$　我們稱此區域的流場為超音速流，**有震波出現，但無次音速流存在。**

PS：由於「穿音速流」在坊間書籍與民航考題多不相同，有些翻譯成「跨音速流」但民航考題在此二個名詞後都會做刮弧附上英文，應試學生必須注意。

2. **音障（Sound barrier）**：當物體（通常是航空器）的速度接近音速時，將會逐漸追上自己發出的聲波。此時，由於機身對空氣的壓縮無法迅速傳播，將逐漸在飛機的迎風面及其附近區域積累，最終形成空氣中壓力、溫度、速度、密度等物理性質的一個突變面──震波。**所以我們可以將「音障」解釋為「飛機接近音速時，壓迫空氣而產生震波，導致阻力急遽增大的一種物理現象」。**

3. **震波（Shock wave）**：是氣體在超音速流動時所產生的壓縮現象，震波會導致總壓的損失，若震波與通過氣流的角度成 90^0，我們稱之為**正震波（Normal Shock wave）**，若震波與通過氣流的角度小於 90^0，我們稱之為**斜震波（Oblique Shock wave）**。

4. **臨界馬赫數（critical Mach Number）**：飛機在接近音速飛行時，隨著飛行速度的增加，當上翼面的速度開始出現震波時，此時飛機飛行的馬赫數稱之為臨界馬赫數。

5. **超臨界翼型機翼：**飛機巡航速度受到穿音速時阻力驟增的限制，利用後掠翼可使機翼的臨界馬赫數增加，到 0.87 左右（傳統翼型約為 0.7），若想要延遲臨界馬赫數，則一個重要方法為使用超臨界翼型機翼，目前超臨界翼型可使飛機在馬赫數到 0.96 左右，上表面才會出現馬赫數等於 1 的現象，且機翼上曲面局部超音速現象局部被消彌，也就是無震波出現。

PS1：超臨界翼型機翼的特徵：其上表面比較平坦，使得飛機飛行的速度超過臨界馬赫數後，為一無明顯加速的均勻超音速區域，於上表面較平坦，所以升力減小，為了補足升力，一般會將後緣的下表面做成內凹以增加後段彎度，其能增加升力。

PS2：超臨界翼型機翼的缺點：超臨界翼型機翼強度不夠，必須增加補強設計，這是美中不足的地方。

（六）飛機飛行狀態

1. **飛機飛行的三種狀態：**起飛、巡航及降落，如圖七示意圖所示。

巡航

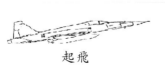

起飛

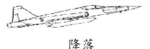

降落

圖七

（1） **起飛**（**Takeoff**）：飛機起飛是指飛機離開地面開始飛行的動作。

（2） **巡航**（**Cruise**）：所謂巡航是指飛機爬升到一定高度（巡航高度）時就收小油門，稱為平飛，這時候升力等於重力，也就是 $L = W$；$T = D$，此時飛機會保持平穩、等高及等速飛行之狀態。

（3） **降落**（**Landing**）：所謂降落就是指飛機飛進機場，將襟翼放到降落型態的位置，並放下起落架，一邊維持 2.5~3。的進入角，以規定的航速飛到跑道端上方 50ft（15m）之高度，將機首拉高以減低下沉速度開始降落的動作。

2. **飛行穩定的定義：**

所謂飛行穩定的定義是指飛機受到擾動之後，能夠產生一股力量，且很快地使之恢復原狀的趨勢。為了安全的飛行任何飛行物體皆必須具備穩定的性質，藉由不同性能的設備及駕駛員的操作可以使飛行物由不穩定的狀況回復到穩定的情況。穩定的情況可分成靜態穩定與動態穩定，茲分述如下：

（1） **平衡狀況**（**State of Equilibrium**）：要了解靜態穩定與動態穩定的定義。首先我們要知道飛機的平衡狀況（State of Equilibrium），即是此物體所有之外力及力矩之總和為零。此時飛機為靜止或是作等速等高之穩定飛行。這時此飛機沒有加速度因為沒任何多餘的外力作用於飛機上。

（2） **靜態穩定**（**Static Stability**）：所謂之靜態穩定對飛機而言，即是受到干擾打破原來的平衡狀況時，有回到原來的平衡狀況的趨勢，稱之為正性穩定（Positive Static Stability）。

如繼續不平衡的狀況或是不可能回到原來的平衡狀況時，稱之為負性靜態穩定（Negative static stability）或乾脆稱之為靜態不穩定（Static Instability）。如果飛機受此干擾後，不能回到原來之平衡，同時也不能繼續保持干擾後的狀況，此時我們稱之為中性靜態穩定（Neutral static stability）。

（3）**動態穩定（Dynamic Stability）**：談到動態即涉及物體的動作或是振動。動態穩定也有三種情況，假設物體或是飛行中的飛機，受干擾後，產生了振動（Vibration）或是搖動（Oscillation）。假如此物體有能力使這些初始振動之振幅（Displacement）隨時間增長而消失或減小，我們稱之為**正性動態穩定（Positive Dynamic Stability）**，若振幅隨時間之增長而保持不變，則稱之謂中性動態穩定（Neutral Dynamic stability）。若振幅隨時間而漸增大則稱之為**負性動態穩定（Negative Dynamic stability）**。

3. **三軸穩定的定義（這觀念在民航特考中非常重要，千萬不要攪混）**

討論飛機的穩定時，不是討論在此三軸上旋轉的問題，而是討論在此三軸上移動（Movement）的問題。**縱軸穩定（Longitudinal stability）**是討論縱軸上外力的平衡問題。**側軸穩定（Lateral Stability）**是討論在側軸上外力分佈情況，**方向穩定（Directional stability）**是討論在垂直軸上之穩定情況。各軸穩定的定義如下：

（1）**縱軸穩定：**所謂的縱軸穩定（Longitudinal stability）也就是讓飛機有能力不因為陣風或擾動令飛機產生俯仰（Pitch）的情況（Tendency to Correct Pitch）。

（2）**側軸穩定：**所謂的側軸穩定（Lateral Stability）也就是讓飛機有能力不因為陣風或擾動令飛機產生翻滾（Roll）的情況（Tendency to Correct Roll）。

（3）**方向穩定：**所謂的方向穩定（Directional Stability）是指飛機在垂直軸向的穩定也就是讓飛機有能力不因為陣風或擾動令飛機產生偏航擺頭的不穩定情況（Tendency to Correct Yaw）。

（七）飛機性能

1. 速度性能：

（1）**最大平飛速度：**所謂最大平飛速度是指飛機在一定的高度上作水平飛行時，發動機以最大推力工作所能達到的最大飛行速度，通常簡稱為最大速度。

（2）**最小平飛速度：**所謂最小平飛速度是指飛機在一定的飛行高度上維持飛機水平飛行的最小速度。飛機的最小平飛速度越小，它的起飛、著陸和盤旋性能就越好。

（3）**巡航速度：**所謂巡航速度是指發動機在每公里消耗燃油最少的情況下飛機的飛行速度。這個速度一般為飛機最大平飛速度的 70%～80%，巡航速度狀態的飛行最經濟而且飛機的航程最大。

2. **高度性能：**

（1）**最大爬升率：**所謂最大爬升率是指飛機在單位時間內所能上升的最大高度。

（2）**理論升限：**所謂理論升限是指飛機能進行平飛的最大飛行高度，此時爬升率為零。由於達到這一高度所需的時間為無窮大，故稱為理論升限。

3. **飛行距離：**

（1）**航程：**是指飛機在不加油的情況下所能達到的最遠水平飛行距離。

（2）**續航時間：**是指飛機耗盡其可用燃料所能持續飛行的時間。

4. **飛機起飛著陸的性能優劣主要是看飛機在起飛和著陸時滑行距離的長短，距離越短則性能越優越。**

（八）航空發動機

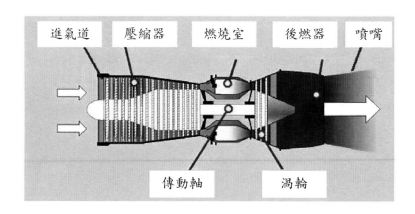

圖八

1. **進氣道（Inlet）**：進氣道在渦輪發動機的功能有二，一個是吸入空氣與減速增壓，另一個是提供穩定氣流給壓縮器。

2. **壓縮器（Compressor）**：壓縮器在渦輪發動機的功能有二，一個是壓縮空氣，並提供穩定氣流送入燃燒室燃燒，另一個是提供冷卻氣流至低壓渦輪以達散熱目的。

3. **燃燒室（Combustion Chamber）**：空氣經壓縮機增壓後進入燃燒室與燃料混合燃燒，使氣體變成高溫高壓狀態。

4. **渦輪（Turbine）**：渦輪在渦輪發動機的功能是帶動壓縮器轉動。

5. **噴嘴（Nozzle）**：噴嘴在渦輪發動機的功能是將在燃燒室燃燒後後氣體減壓加速並排至外界。

6. **後燃器（After Burner）**：基本上後燃器可說是一種再燃燒的裝置，於後燃器處再噴入燃油，使未充分燃燒的氣體與噴入的燃油混合再次燃燒，經過可變噴口達到瞬間增加推力的目的。

   PS：阻塞現象（Choked Condition）：所謂阻塞現象是航空發動機的內部流場在到達音速後，空氣的質流率會被局限在音速時的質流率，也就是航空發動機的內部流場超過音速後，空氣的質流率不變，這種現象我們稱之為阻塞（Choke）現象。

（九）飛航管制

1. **定義：** 飛航管制就是「空中交通管理」，負責在航空器起飛、降落及飛航途中，利用雷達及其他輔助性自動化資訊裝備，透過陸空無線通信，提供航空器安全、有序、便捷之專業性服務。

2. **目的：** 飛航管制之目的係為防止航空器與航空器之間以及在操作區內航空器與障礙物之間的之碰撞，並加速與保持空中交通之有序暢通。

（十）飛航安全

1. **定義：** 時至今日，將飛航安全定義為：「各種技術與資源，經過整合，以求在運作飛航系統時免於事故的發生」，已為多數人所接受。

2. **CRM 之定義：** CRM 在不同的領域，代表著不同的意思，在航空術語，CRM 是「Crew（or Cockpit）Resource Management」的縮寫；CRM 的訓練重點在於狀況警覺（SITUATION WARENESS）、溝通技巧（COMMUNICATION SKILLS）、團隊合作（TEAMWORK）、任務配置（TASK ALLOCATION）、以及決策制定（DECISION-MAKING），須在一個完整之標準作業程序（SOP）架構下運作。其目的是為了有效降低人為素造成之飛安事件，確保運作符合民用航空法規、飛安要求，及滿足國際民航組織之規範。

三、解題要訣

（一）前言

　　本部份主要是針對民航人員三等考試——飛航管制、航空通信以及航空駕駛飛行原理科目申論題與計算題如何準備與解題做一說明。一般而言，飛行原理這個科目可以考的很容易（只出名詞解釋），也可以出的很難（著重在申論題與計算題），但是我們可以從民航特考的考試方式（考試時間有二小時，但每年只出四到五題）來看，可以知道申論題與計算題的比例應該是佔了非常重的比例，但是多數學生常因為觀念不對或不知如何破題，以致於成績不佳。所以本書特別將申論題與計算題的準備與解題的方式逐一列出，讓同學在看考古題能更加了解，藉以獲得好成績。

（二）申論題解題要訣

　　很多同學在考試回答申論題時常發生：1.完全不會答。2.僅做簡答，導致成績不佳，如上所述，從民航特考的考試方式（考試時間有二小時，但每年只出四到五題）來看，可以知道申論題應該是用詳答的方式。因此作者在申論題篇（下一個章節）將歷年的考古題有關申論題的部份分門別類，讓應考學生

能快速掌握申論題出題方向，建議購買本書的學生用以下步驟準備申論題，準備步驟分述如下：

1. 先記熟名詞解釋，以免搞錯考題意義。
2. 記熟申論題類型（下一個章節），以便輕易破題。
3. 對照考古題與申論題類型（下一個章節），掌握申論題出題方向。
4. 看本書申論題解答。

（三）計算題解題要訣

　　很多同學在考試求解計算題時常放棄做答，主要原因是因為：1.公式記不熟。2.不知題目意思，因此作者在計算題篇根據92～100年的計算考古題製作簡易公式並將計算題分成四大類解釋，讓應考學生能快速掌握計算題出題重點，建議購買本書的學生用以下步驟準備計算題，準備步驟分述如下：

1. 先記熟簡易公式。
2. 記熟計算題類型（後面第二個章節），以便輕易破題。
3. 對照考古題與計算題類型（後面第二個章節），掌握計算題出題方向。
4. 看本書計算題解答。

四、申論題篇

　　在「申論題篇」中，我們和「名詞解釋篇」以相同的方式去做題型分類，以便能和「名詞解釋篇」做彼此對應，增加應試學生對該類型的瞭解程度，因此我們將本部份仍分成大氣概況、柏努利方程式（Bernoulli's Equation）、飛機構造、飛機受力情況、飛機飛行速度區域、飛機飛行狀態、飛機性能、航空發動機、飛航管制以及飛航安全等十個部份，由於本篇的主旨，主要是為了訓練考生破題能力與方便記憶，至於完整的說明，請參照名詞解釋篇與之後的考古題詳解。

（一）大氣概況

類型一、試述目前大型客機大多飛行於同溫層之原因

【解題要領】

1. 能見度高。
2. 受力穩定。
3. 噪聲污染小。
4. 安全係數高。
5. 省油。

類型二、試論述為何民航機不在低空飛行？

【解題要領】

在低空時，密度大，因此根據阻力公式 $D \equiv \frac{1}{2}\rho V^2 C_D S$，飛機在低空飛行阻力大，易耗油，所以民航機不在低空飛行。

（二）柏努利方程式

類型一、試述空速表（Airspeed Indicator）的原理。

【解題要領】

1. 空速表（Airspeed Indicator）的原理是根據柏努利方程式的應用。

2. 請以此觀點為出發點，並參照名詞解釋申論之。

類型二、可否用柏努利方程式解釋相關現象？

【解題要領】

1. 柏努利方程式的存在條件：
   （1）無摩擦。
   （2）穩態。
   （3）不可壓縮。
   （4）沿同一流線

2. 請以柏努利方程式的存在條件為出發點，並參照航空界實際情況申論之。

PS：多數同學因為受到某些網路或補習班解題的影響，只要不符合柏努利方程式的存在條件均在考試回答「不可以解釋」，以致原本可輕鬆得分的，卻連一分都無法獲得，殊為可惜，也因為觀念錯誤，導致許多衍生考題都造成連帶錯誤。

類型三、試述造成空速表（Airspeed Indicator）誤差的原因。

【解題要領】請參照 98 年飛航管制考題解答。

（三）飛機構造

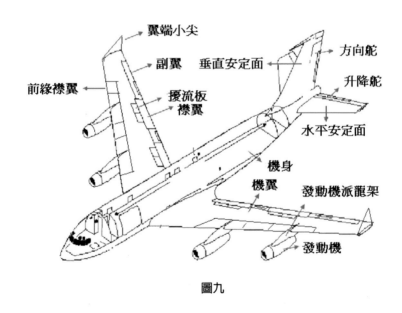

翼端小尖
副翼　垂直安定面
方向舵
前緣襟翼
擾流板
襟翼
升降舵
水平安定面
機身
機翼
發動機派龍架
發動機

圖九

類型一、試述各控制面的位置與名稱。

【解題要領】如圖九為出發點，並參照名詞解釋申論之。

類型二、試述各控制面的功能

【解題要領】

1. 升降舵（Elevator）是藉由白努力定律產生俯仰力矩使機頭上下移動之控制面。

2. 方向舵（Rudder）：是藉由白努力定律產生偏航力矩使機頭左右移動之控制面

3. 副翼（Airelon）：是藉由白努力定律產生滾轉力矩使機身左右滾轉之控制面。

4. 由以上敘述配合白努力定律的說明為出發點申論之。

類型三、試述如何利用白努力定律解釋飛機俯仰、偏航與滾轉力矩的產生？

【解題要領】 示意圖如圖十

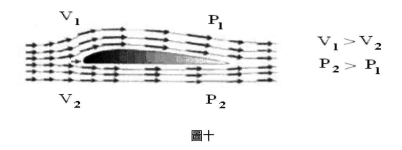

$V_1 > V_2$

$P_2 > P_1$

圖十

配合白努力定律 $P_t = P_s + P_d = P_s + \frac{1}{2}\rho v^2 = cons\tan t$ 與升降舵（Elevator）、方向舵（Rudder）及副翼（Airelon）的功能解釋之。

類型四、試述襟翼（Flap）的功能。

【解題要領】

1. 主要功能為增加機翼面積使其增加升力（同時也會產生阻力），一般用於起飛時，增加升力以及下降時，增加阻力。

2. 對具有襟翼之機翼而言，襟翼放出時可使機翼面積加大，同時加大有效攻角，故升力增加，但同時阻力也一併增加了。所以如何在適當的時機將襟翼放下至正確的角度是相當重要的。例如在起飛時，襟翼最多只能放出大約全行程的三分之一到一半，以增加升力而不增加太多的阻力；但降落時則同時須增加升力與阻力以減低速度並保持足夠之升力，所以經常被放到全行程位置。

3. 由以上敘述為出發點申論之。

（四）飛機受力情況

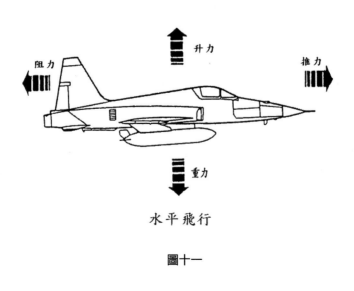

圖十一

如圖十一示意圖，飛機飛行所受的四種力可分為升力（Lift）、阻力（Drag）、推力（Trust）及重力（Weight）。我們在設計飛機時，總是希望儘量提高升力與推力，降低阻力，希望各位同學掌握此要點來加以準備。

　　參照講義準備。

類型一、試述飛機飛行所受的四種力。

【解題要領】

　　飛機飛行所受的四種力可分為升力（Lift）、阻力（Drag）、推力（Trust）及重力（Weight）。

　PS1：必須要清楚知道四種力之間的互動關係。

　PS2：千萬不要和飛機飛行所受的四種阻力攪混。

類型二、試用庫塔條件（Kutta-Condition）說明升力的形成。

【解題要領】請參照名詞解釋申論之。

類型三、試述一般物體所承受的阻力。

【解題要領】

　　一般物體阻力所承受的可分為壓力阻力（形狀阻力）與摩擦阻力二種，所謂壓力阻力係指物體形狀所造成的阻力（物體前後壓力梯差所引起的阻力），摩擦阻力係指空氣與飛機摩擦所產生的阻力。

　PS：1.高爾夫球的凹凸表面設計是為了降低形狀阻力。

　　　　2.乒乓球的平滑表面設計是為了降低摩擦阻力。

類型四、試述飛機飛行所受的四種阻力。

【解題要領】

　　一般而言，我們可把飛機飛行所承受的阻力分成摩擦阻力、形狀阻力、誘導阻力以及干擾阻力等四類（各類阻力之來源如後述），當超音速飛行時，我們還需考慮因為震波所造成的震波阻力。

　　PS：1.翼端小翼（Winglet）是為了避免誘導阻力。

　　　　2.後掠機翼是為了延遲機翼的臨界馬赫數

　　　　3.超臨界機翼剖面（Supercritical Airfoil）是為了避免或降低波阻力。

類型五、試述飛機飛行所受的阻力之來源。

【解題要領】

　　一般而言，我們可把飛機飛行所承受的阻力分成摩擦阻力、形狀阻力、誘導阻力以及干擾阻力等四類（各類阻力之來源如後述），當超音速飛行時，我們還需考慮因為震波所造成的震波阻力。各類阻力之來源分述如下：

1. 摩擦阻力：空氣與飛機摩擦所產生的阻力。

2. 形狀阻力：物體前後壓力差所引起的阻力，飛機做得越流線形，形狀阻力就越小。

3. 誘導阻力：機翼的翼端部因上下壓力差，空氣會從壓力大往壓力小的方向移動，而從旁邊往上翻，因而在兩端產生渦流，因而產生阻力。

4. 干擾阻力：空氣流經飛行物各組件交接點時所衍生出來的阻力。

類型六、試說明升力係數（C_L）與機翼攻角（attack angle, α）定性關係圖。

【解題要領】請參照考古題根據不同情況繪圖作答。

類型七、試述渦輪噴射發動機之推力公式

【解題要領】

$$T_n = \dot{m}_a (V_j - V_a) + A_j (P_j - P_{atm})$$

$$T_g = \dot{m}_a (V_j) + A_j (P_j - P_{atm})$$

PS： 在民航考試，出題老師常要求學生利用理想氣體方程式與推力公式說明影響發動機推力之因素對推力所造成的影響，同學必須特別注意。

類型八、試述影響發動機推力之因素。

【解題要領】

1. **轉速：**

　　轉速與推力成正比，即推力之大小由油門控制。轉速愈高，推力增加愈速。由於噴射發動機轉速對推力之影響與活塞發動機推力特性不同。當低轉速時，轉速稍增，推力增加甚微。但在高轉速時，油門稍增，推力將增加甚多。故噴射發動機多在高轉速下運轉。一來可發揮其效率，二來可節省燃料。

2. 高度：

　　推力與高度成反比，當高度增加時，由於氣壓降低，空氣密度減小，故推力低，但高度增加，空氣阻力亦因空氣稀薄而降低，不致影響飛機速度，故噴射飛機多在高空以高速飛行，以增加效率。

3. 氣溫：

　　推力與大氣溫度成反比，溫度增高，空氣密度減少，推力降低，故熱帶起飛需較長跑道。但因有輔助增加推力裝置如後燃器等，此一困難已被克服。

4. 氣壓：

　　推力與大氣壓力成正比。氣壓增加，空氣密度增加，推力增大，所以發動機在海平面高度操作時可輸出最大推力。低空大氣壓力大，推力大，但空氣阻力也是最大，所以耗油量亦增加，故噴射機低空飛行較耗油。

5. 排氣速度與飛機速度：

　　排氣速度大，則推力大，故有後燃器之裝置。假設排氣速度不隨飛機速度變化，當飛機速度增加時，推力反而減少（Vj-Va 之差值愈小），但由於空氣之衝壓效應影響，空氣流量亦隨飛機速度增加而增加，燃燒室可燃燒更多燃油，故造成推力大致不變。

6. 進氣口與排氣口面積：

　　噴射發動機在運用上，須大量進氣獲得推力。如進氣口狹小，進氣不足，必影響推力，故在進口設有防冰裝置，避免高空飛行時，進氣口結冰而減少進氣口面積。排氣口面積直接影

響排氣度，當高度突然增加至數萬呎，空氣稀薄，為避免排氣溫度超過極限，必須減速，但推力將有損失，近代尾管面積多為可調者。俾控制尾管溫度，使發動機保持最佳效率。

7. **濕度：**

濕度大，即空氣中含水蒸汽較多，空氣密度小，發動機推力亦減少。反之推力較大。以上高度、氣溫、氣壓與濕度之變化，無不引起空氣密度之變化，空氣密度變化，實為影響推力的主要因素。故增加空氣之質量與密度，及增加排氣速度，皆可增加推力。

（五）飛行速度區域

類型一、試解釋次音速流（subsonic flow）**、穿音速流**（transonic flow）**與超音速流**（supersonic flow）**之意義。**

【解題要領】

$M_a < 0.8$　我們稱此區域的流場為次音速流，**整個流場無震波產生。**

$0.8 < M_a < 1.2$　我們稱此區域的流場為穿音速流，**震波首次出現，整個流場分成次音速流與超音速流。由於流場混合的緣故，欲在穿音速流做動力飛行，是非常困難。**

$1.2 < M_a$　我們稱此區域的流場為超音速流，**有震波出現，但無次音速流存在。**

類型二、機翼為何要設計成後掠（Sweptback）的氣動力原理？

【解題要領】

　　近代高性能民航機為改善飛機巡航速度受到穿音速時阻力驟增的限制，多採後掠角，一般而言，後掠翼的功用可延遲機翼的臨界馬赫數到 0.87 左右

類型三、試說明為何近代高性能民航機的巡航速度多設定在穿音速（Transonic Speed）區間。

【解題要領】

　　飛機在接近音速時，空氣被壓縮而產生震波，其空氣阻力會驟增。在此速度區域飛行會消耗大量燃油，並且會影響飛行安全及存在噪音問題，然而近代高性能民航機多採後掠翼與超臨界翼型機翼，後掠翼可延遲臨界馬赫數，超臨界翼型機翼除可延遲臨界馬赫數，甚至可消彌機翼上曲面局部超音速現象，所以一般民航機皆將速度設定在穿音速區間（大約在馬赫數 0.85 左右）。

（六）飛機飛行狀態

類型一、試述巡航的定義與條件。

【解題要領】 請參照名詞解釋篇解釋之。

類型二、試述飛機飛行所受的三種力與三個力矩（試述六個自由度的觀念）。

【解題要領】請參照基本觀念篇「飛機的運動」解釋之。

PS：考生在參照基本觀念篇「飛機的運動」時，圖二的圖形要會描繪，觀念必須瞭解。

類型三、試述靜態穩定與動態穩定的定義。

【解題要領】請參照名詞解釋篇解釋之。

類型四、試述三軸穩定的定義。

【解題要領】請參照名詞解釋篇解釋之。

PS：類型二、三、四，雖然彼此具有關聯性，但是解答的方式大不相同，考生在考試時經常搞混，必須特別注意。

類型五、試述保持飛機三軸穩定的方法。

【解題要領】

1. **縱軸（俯仰）穩定（Longitudinal Stability）：**

   水平安定面，飛機的配重

2. **側軸穩定（Lateral Stability）：**

   上反角（Dihedral Angle）及後掠角（Sweep Angle）

3. **方向穩定（Directional stability）：**

   垂直安定面及後掠角（Sweep Angle）

   PS：類型五的問題除了要知道方法以外，還必須瞭解各種方法原理，這在考試是非常的重要，考生必須注意。

（七）飛機性能

類型一、試述升限的定義與決定條件。

【解題要領】請參照名詞解釋篇與 96 年航空駕駛考題作答。

類型二、試述影響升限的因素。

【解題要領】請參照 96 年航空駕駛考題作答。

類型三、試述航程（range）與滯空時間（endurance）的定義與差異性。

【解題要領】請參照 96 年飛航管制考題作答。

類型四、如何判定飛機起飛著陸性能的優劣？

【解題要領】請參照名詞解釋篇作答。

（八）航空發動機

類型一、試述航空發動機的分類

【解題要領】

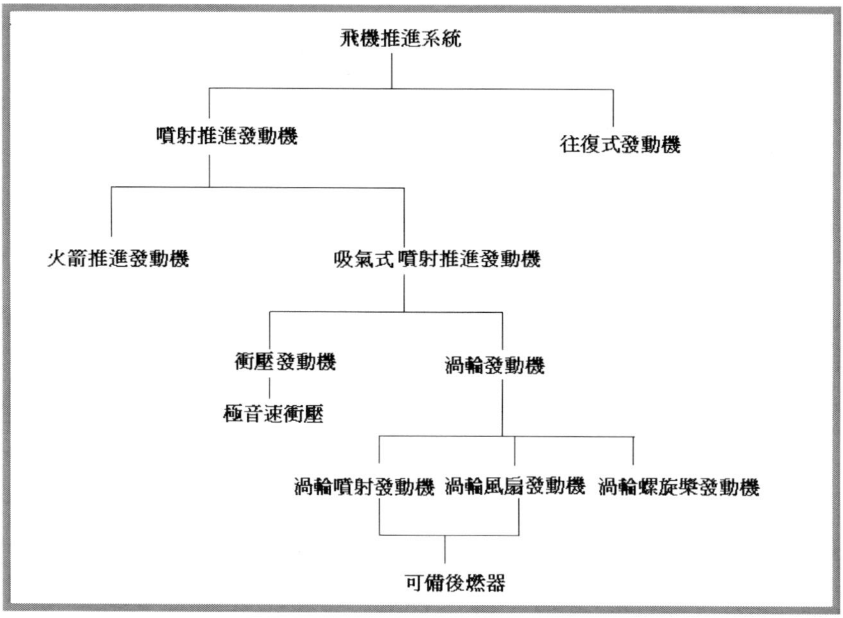
飛機推進系統
噴射推進發動機
往復式發動機
火箭推進發動機
吸氣式噴射推進發動機
衝壓發動機
渦輪發動機
極音速衝壓
渦輪噴射發動機
渦輪風扇發動機
渦輪螺旋槳發動機
可備後燃器

類型二、試述民航機所採用的航空發動機之種類。

【解題要領】請參照基本觀念篇「航空發動機」解釋之。

類型三、試述渦輪噴射發動機（Turbojet Engine）的優缺點。

【解題要領】渦輪噴射發動機的優點是具高空運轉的特徵；其缺點是無法要求其在低速時產生大推力。

類型四、試述渦輪螺旋槳發動機（Turboprop Engine）的優缺點。

【解題要領】渦輪螺旋槳發動機的優點是中、低空高度及次音速之空速下可產生較大的推力（空速為 0.5 馬赫時，

其推進效率極佳）；其缺點是隨著飛行速度增加，而使阻力大增，則會造成飛行上之瓶頸。

類型五、試述渦輪發動機的類型以及何者並不裝用後燃器？

【解題要領】請參照基本觀念篇「航空發動機」、類型二及類型四申論之。

類型六、試述渦輪風扇發動機（Turbofan Engine）會逐漸成為現代民航機與戰機的新主流。

【解題要領】

因為渦輪風扇發動機兼具渦輪噴射與渦輪螺旋槳發動機之優點，可具有渦輪螺旋槳發動機於低空速之良好操作效率與高推力，同時兼具渦輪噴射發動機之高空高速性能，所以會逐漸成為現代民航機與戰機的新主流。

（九）飛航管制

類型一、試述飛航管制的定義與目的。

【解題要領】請參照名詞解釋篇作答。

類型二、試述航管隔離標準的方式。

【解題要領】

1. 垂直隔離（Vertical Separation）

2. 水平隔離（Horizontal Separation）

3. 目視隔離（Visual Separation）

　　PS：本類型應屬民航法規科目考題，但因為其曾經出現在 95
　　　　年航空駕駛考題，故在此列出以供參考。

（十）飛航安全

類型一、試述飛航安全的定義。

【解題要領】請參照名詞解釋篇作答。

類型二、試述飛機失事的原因。

【解題要領】

飛機失事肇因可分為：

1. 機械因素：零附件不良等。

2. 人為因素：飛行人為、修護人為及航管人為等。

3. 環境因素：天氣、外物損傷、地面設備不良等。

4. 其它或不明原因

類型三、試述飛機失事原因類型所佔的比例。

【解題要領】請參照 98 年航空駕駛考題作答。

五、計算題篇

（一）微積分速成

　　由於民航特考報考人以文科的學生居多，而在飛行原理的計算與證明，關於大氣概況的問題有很多必須用到微積分，因此在本書中將考試常用的微積分做一介紹，方便購買本書的學生準備計算題。

1. 常使用的微積分公式表

常使用的微積分公式表		
項次／項目	微分公式	積分公式
一	$\dfrac{da}{dx}=0$	$\int 0\,dx=0$
二	$\dfrac{d}{dx}(ax)=a$	$\int a\,dx=ax+c$
三	$\dfrac{d}{dx}x^n=nx^{n-1}$	$\int x^n\,dx=\dfrac{1}{n+1}x^{n+1}+c$
四	$\dfrac{d}{dx}(\dfrac{1}{x^n})=\dfrac{d}{dx}(x^{-n})=-nx^{-n-1}$	$\int \dfrac{1}{x^n}dx=\int x^{-n}dx=\dfrac{1}{-n+1}x^{-n+1}+c$
五	$\dfrac{d}{dx}\sin x=\cos x$	$\int \cos x\,dx=\sin x+c$
六	$\dfrac{d}{dx}\cos x=-\sin x$	$\int \sin x\,dx=-\cos x+c$
七	$\dfrac{d}{dx}\tan x=\sec^2 x$	$\int \sec^2 x\,dx=\tan x+c$

八	$\dfrac{d}{dx}\cot x = -\csc^2 x$	$\int \csc^2 x\,dx = -\cot x + c$
九	$\dfrac{d}{dx}\sec x = \sec x \cdot \tan x$	$\int \sec x \tan x\,dx = \sec x + c$
十	$\dfrac{d}{dx}\csc x = -\csc x \cdot \cot x$	$\int \csc x \cot x\,dx = -\csc x + c$
十一	$\dfrac{d}{dx}\csc x = -\csc x \cdot \cot x$	$\int \csc x \cot x\,dx = -\csc x + c$
十二	$\dfrac{d}{dx}a^u = a^u \times l_n a \times \dfrac{du}{dx}$ $\dfrac{d}{dx}\log_a u = \dfrac{\dfrac{du}{dx}}{u \times l_n a}$	$\int \dfrac{dx}{x} = l_n|x| + c$

2. 舉例說明

微分公式

（1）$\dfrac{da}{dx} = 0$

（2）$\dfrac{d}{dx}(ax) = a$

例：$\dfrac{d}{dx}(3x) = 3$

（3）$\dfrac{d}{dx}x^n = nx^{n-1}$

例：$\dfrac{d}{dx}x^3 = 3x^{3-1} = 3x^2$

（4）$\dfrac{d}{dx}(\dfrac{1}{x^n}) = \dfrac{d}{dx}(x^{-n}) = -nx^{-n-1}$

例：$\dfrac{d}{dx}(\dfrac{1}{x^3}) = \dfrac{d}{dx}(x^{-3}) = -3x^{-3-1} = -3x^{-4} = -\dfrac{3}{x^4}$

積分公式

（1）$\int 0\,dx = 0$

（2）$\int a\,dx = ax + c$

例：$\int 3\,dx = 3x + c$

（3）$\int x^n\,dx = \dfrac{1}{n+1}x^{n+1} + c$

例：$\int x^3\,dx = \dfrac{1}{3+1}x^{3+1} + c = \dfrac{x^4}{4} + c$

（4）$\int \dfrac{1}{x^n}\,dx = \int x^{-n}\,dx + c = \dfrac{1}{-n+1}x^{-n+1} + c$

例：$\int \dfrac{1}{x^3}\,dx = \dfrac{1}{-3+1}x^{-3+1} + c = -\dfrac{1}{2x^2} + c$

3. $\dfrac{du}{dx}$

　　例：$\dfrac{d}{dx}(3x)^2 = 2 \cdot 3x \cdot \dfrac{d(3x)}{dx} = 2 \cdot 3x \cdot 3 = 18x$

　　比較：$\dfrac{d}{dx}3x^2 = 3 \times 2x = 6x$

　　例：$\dfrac{d}{dx}\sin 3x = \cos 3x \cdot \dfrac{d(3x)}{dx} = 3\cos 3x$

4. 分部微分法　　　　　分部積分法

　　$\dfrac{d}{dx}(uv) = u\dfrac{dv}{dx} + v\dfrac{du}{dx}$　　　　$\int u\,dv = uv - \int v\,du$

　　例：

　　$\dfrac{d}{dx}(xy) = x\dfrac{dy}{dx} + y$　　　$\int x\,d(\sin x) = x\sin x - \int \sin x\,dx = x\sin x + \cos x + c$

（二）簡易公式

1. **公式一：密度、比容與質量的轉換**

$$\rho \equiv \frac{m}{V} \;;\; v \equiv \frac{V}{m} \Rightarrow m = \rho V \;;\; v = \frac{1}{\rho}$$

2. **公式二：理想氣體方程式**

$$P = \rho R T \;;\; Pv = RT \;;\; PV = mRT \;;\; PV = n\overline{R}T$$

3. **公式三：音速的計算**

$$a \equiv \sqrt{\left.\frac{\partial P}{\partial \rho}\right|_S} = \sqrt{\left.r\frac{\partial P}{\partial \rho}\right|_T}$$

因為理想氣體方程式 $P = \rho R T$，所以 $a = \sqrt{rRT}$

PS：在考試時，R&T 應該都會給各位（或者給 P、ρ、v、V 及 m），各位必須記得的是 1. γ 代 1.4；2.壓力與溫度必須換算成絕對壓力與絕對溫度。

4. **公式四：壓力與空速的計算**

（1） 柏努利方程式 $P + \frac{1}{2}\rho V^2 = P_t$

（2） 空速的計算 $V = \sqrt{\dfrac{2(P_t - P)}{\rho}}$

  PS：在此 V 不是表示體積，而是速度。

5. **公式五：升力、阻力與空速的計算**

（1） 升力與阻力的公式

$$L \equiv \frac{1}{2}\rho V^2 C_L S$$

$$D \equiv \frac{1}{2}\rho V^2 C_D S$$

  PS：在此 L 表示升力；D 表示阻力；V 表示速度；S 表示面積。

（2） 空速的計算

$$V = \sqrt{\frac{2L}{\rho C_L S}} \quad \text{或} \quad V = \sqrt{\frac{2D}{\rho C_D S}}$$

6. **公式六：巡行速度的計算**

$$V \equiv \sqrt{\frac{2W}{\rho C_L S}}$$

PS：主要觀念是飛機在巡行飛行時，L=W。

7. **公式七：馬赫速的計算**

$$M_a \equiv \frac{V}{a}$$

8. **公式八：大氣的溫度、壓力、密度與高度的關係式**

	溫度	壓力	密度
對流層 （0~11km）	$T = T_1 + \alpha(h - h_1)$	$\frac{P}{p_1} = \left(\frac{T}{T_1}\right)^{-\frac{g_0}{\alpha R}}$	$\frac{\rho}{\rho_1} = \left(\frac{T}{T_1}\right)^{-\left(\frac{g_0}{\alpha R}+1\right)}$
同溫層 （11~25km）	T=constant	$\frac{P}{p_1} = e^{-\frac{g_0}{RT}(h-h_1)}$	$\frac{\rho}{\rho_1} = e^{-\frac{g_0}{RT}(h-h_1)}$

9. **公式九：噴嘴（Nozzle）之截面積與速度關係式（Area-Velocity Relation）**

$$\frac{dA}{A} = (M^2 - 1)\frac{dV}{V}$$

PS：在民航考試時，此公式常考

一、公式所表示的意義。

二、次音速飛機及超音速飛機噴嘴的設計原理與噴嘴的形式。

10. **公式十：Prandtl-Glauert rule**

（1）**目的**：Prandtl-Glauert rule 之目的是建立可壓縮流與不可壓縮流中相同翼型的氣動力參數之間的關係，進而得到可壓縮性對同一翼型的影響。

（2）**公式：**$\dfrac{C_{P1}}{\sqrt{1-M_{1\infty}^2}}=\dfrac{C_{P2}}{\sqrt{1-M_{2\infty}^2}}$，在此 C_{P1} 為不可壓縮流之壓力係數；C_{P2} 為可壓縮流之壓力係數，M_∞ 為自由流（遠離物體的流場）的馬赫數。

（三）計算類型

1. 類型一：質量守恆定律（質流率與體流率的定義與相對關係）

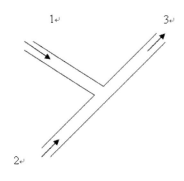

圖十二

如圖十二所示

進氣道 1、2 及 3 之間質流率的關係為 $\dot{m}_1+\dot{m}_2=\dot{m}_3$，在此質流率定義為 $\dot{m}\equiv\rho AV$，若流場為不可壓縮流（$M_a<0.3$），則進氣道 1、2 及 3 存在 $Q_1+Q_2=Q_3$，在此 Q 為體流率，定義為 $Q\equiv AV$

2. 類型二：渦輪噴射發動機之推力公式

$$T_n = \dot{m}_a(V_j - V_a) + A_j(P_j - P_{atm})$$

$$T_g = \dot{m}_a(V_j) + A_j(P_j - P_{atm})$$

PS：在民航考試，出題老師常要求學生配合理想氣體方程式、
　　推力公式與質流率的定義說明影響發動機推力之因素對
　　推力所造成的影響，同學必須特別注意。

3. 類型三：大氣的溫度、壓力、密度與高度的關係式

	溫度	壓力	密度
對流層 （0~11km）	$T = T_1 + \alpha(h - h_1)$	$\dfrac{P}{p_1} = \left(\dfrac{T}{T_1}\right)^{-\frac{g_0}{\alpha R}}$	$\dfrac{\rho}{\rho_1} = \left(\dfrac{T}{T_1}\right)^{-\left(\frac{g_0}{\alpha R}+1\right)}$
同溫層 （11~25km）	T=constant	$\dfrac{P}{p_1} = e^{-\frac{g_0}{RT}(h-h_1)}$	$\dfrac{\rho}{\rho_1} = e^{-\frac{g_0}{RT}(h-h_1)}$

4. 類型四：飛機起飛與降落的運動方程式

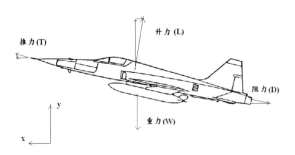

圖十三

示意圖如圖十三所示，飛機起飛與降落的運動方程式（升力、重力、阻力與推力間的關係式）如下

$$F_y = T\sin\theta + L\cos\theta - D\sin\theta - W$$

$$F_x = T\cos\theta - L\sin\theta - D\cos\theta$$

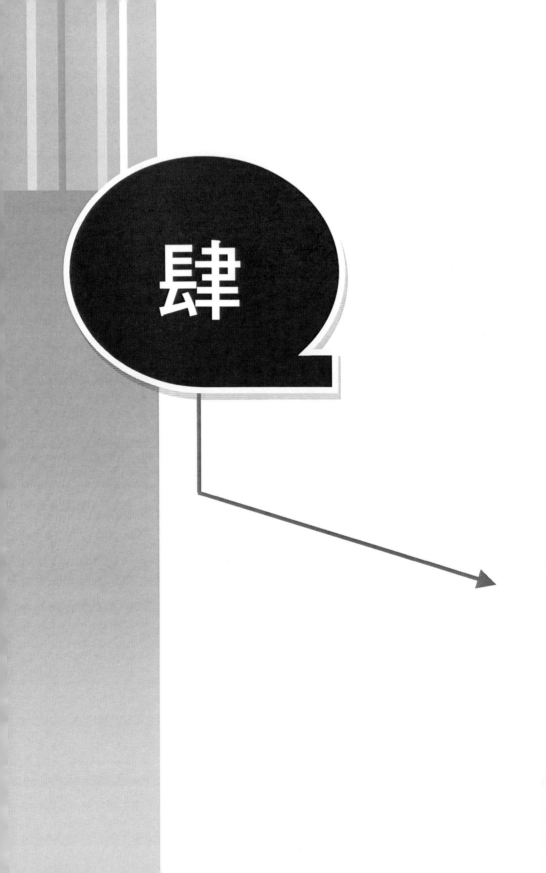

歷年考古題
詳解

高等三級飛航管制

96 年民航人員考試試題

等　　別：三等考試

科　　目：飛航管制

考試時間：二小時

※注意事項：

（一）不必抄題，作答時請將試題題號及答案依照順序寫在試卷上，於本試題上作答者，不予計分。

（二）得使用電子計算器。

一、何謂可壓縮流（compressible flow）與不可壓縮流（incompressible flow）？（10分）一般民航機在進行巡航（cruise）飛行時，其機身外面的流場是屬於那一種？試解釋說明之。（10分）

解答

（一）所謂可壓縮流（compressible flow）是說流體流場的密度 ρ 變化不可以忽略不計。而不可壓縮流（incompressible flow）則是假設流體流場的密度 ρ 可忽略不計。

（二）空氣動力學家根據馬赫數將飛機飛行時的外部流場加以分類，當 Ma<0.3 時，我們可以將流體流場視為不可壓縮流，也就是假設流場的密度變化可以忽略不計。一般民航

機在進行巡航（cruise）飛行時，Ma 均大於 0.3（約為 0.85 左右），所以機身外面的流場是屬於可壓縮流（compressible flow）。

衍生出的問題

一、次音速流（subsonic flow）、穿音速流（transonic flow）與 超音速流（supersonic flow）之定義。

二、音障（Sound barrier）之定義。

三、震波（Shock wave）之定義。

四、臨界馬赫數（critical Mach Number）之定義。

二、假若有一個低速風洞（low speed wind tunnel）的進口截面 積為 A_1、空氣的壓力為 P_1、密度為 ρ_1。而風洞測試段內的 截面積為 A_2、空氣壓力為 P_2，然而空氣密度保持不變，且 摩擦損失亦不計。假設此風洞的進口空氣速度為 V_1，則測 試段內的風速 V_2 應為多少？（10 分）當有一架飛機模型 置於此風洞的測試段內進行性能測試，若此模型的截面積 （cross section area）約占測試段截面積的 8%，則此時測試 段的風速 V_2 變為多少？（10 分）

解答

（一）因 $A_1V_1 = A_2V_2$，所以 $V_2 = \dfrac{A_1V_1}{A_2}$。

（二）因模型的截面積約占測試段截面積的 8%，所以 $A_1V_1 = 0.92A_2V_2$，故可得 $V_2 = \dfrac{A_1V_1}{0.92A_2}$。

三、試說明一架飛機以慢速飛行時所受到的阻力（drag）有那些？（6分）如果以超音速飛行時，則又有那些阻力產生？（6分）並約估與說明這些阻力占全部阻力的百分比有多少？（8分）

解答

（一）一般而言，我們可把飛機在低速飛行時所承受的阻力分成摩擦阻力、形狀阻力、誘導阻力以及干擾阻力等四類，各類阻力之來源分述如下：

1. 摩擦阻力：空氣與飛機摩擦所產生的阻力。

2. 形狀阻力：物體前後壓力差引起的阻力，飛機做得越流線形，形狀阻力就越小。

3. 誘導阻力：機翼的翼端部因上下壓力差，空氣會從壓力大往壓力小的方向移動，而從旁邊往上翻，因而在兩端產生渦流，因而產生阻力。

4. 干擾阻力：空氣流經飛行物各組件交接點時所衍生出來的阻力。其中形狀阻力及表面摩擦力之和也稱為型阻（profile drag），而寄生阻力（Parasitic drag）＝形狀阻力＋摩擦阻力＋干擾阻力。

（二）當超音速飛行時，我們除了前面所提的四種阻力，還需考慮因為震波所造成的震波阻力（Wave drag）。

（三）飛機在飛行時阻力與馬赫數之定性關係圖如圖一：

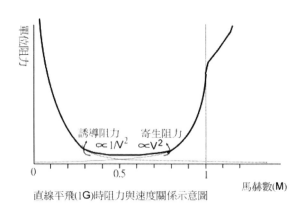

直線平飛(1G)時阻力與速度關係示意圖

圖一

　　雖然飛機的阻力有很多種，但是權重最高的只有三種：寄生阻力（其中絕大多數為摩擦）、誘導阻力（由升力產生，又稱升力衍生阻力）、震波阻力（穿音速以上開始出現）。次音速時，沒有震波阻力，如上圖所示，低次音速流場的阻力以誘導阻力為主，高次音速流場的阻力由摩擦阻力決定，當到達或超過音速，由於震波出現，將會產生非常大的阻力。如果約估與說明這些阻力占全部阻力的百分比有多少，我們可以做成以下分布圖，如圖二：

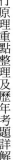

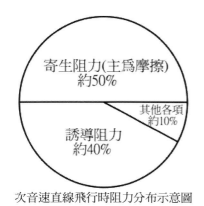

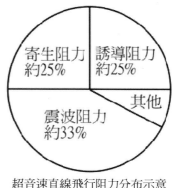

次音速直線飛行時阻力分布示意圖　　超音速直線飛行阻力分布示意

圖二

在次音速飛行時，沒有震波阻力，若為巡航狀態，則摩擦阻力約佔 50%，誘導阻力約佔 40%；超音速飛行時，出現震波阻力，此時摩擦、誘導約各佔 1/4、震波約佔 1/3。其餘 10%左右則由其他數種阻力共享。

四、試解釋（或定義）一架飛機的航程（range）所指為何？（7分）又定義一架飛機的滯空時間（endurance）為何？（7分）同時討論兩者有何不同？（6分）

解答

（一）所謂飛機的飛行航程（range）是指飛機依照當時油箱內所剩的油量，所能飛行的距離。

（二）所謂飛機的滯空時間（endurance）是指飛機依照當時油箱內所剩的油量，能夠在空中飛行的時間。

（三）簡單的說，飛機的飛行航程（range）是以飛行距離做考量，而飛機的滯空時間（endurance）是飛行能夠在空中飛行的時間做考量。因此，當天氣不好，飛機必須在空中盤旋待命等待天氣好轉時，機師的考量是飛機的滯空時間（endurance），但若是油量受限於載重不能加很多的時候，機師考量的是如何運用有限的油量飛行最遠的距離而不是在空中停留最久的時間。

五、試討論一架飛機在進行等速爬升（climbing）飛行時所受到的基本力（basic forces）有那些？（8分）請繪簡圖說明之，並導出它們的關係式。（12分）

解答

（一）飛機飛行時主要有升力、阻力、推力以及重力作用在飛機上。

（二）飛機在起飛爬升時之示意圖如圖三所示

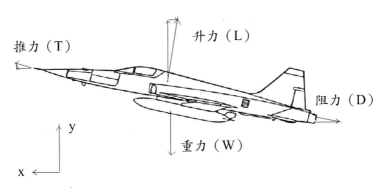

圖三

此時升力、重力、推力與重力間的關係如下：

$$F_y = T \sin \theta + L \cos \theta - D \sin \theta - W$$

$$F_x = T \cos \theta - L \sin \theta - D \cos \theta$$

當 $F_y > 0$ 時，則飛機向上爬升（climbing），等飛機爬升到巡航高度時就收小油門，稱為平飛，這時候升力等於重力，推力等於阻力，也就能定速飛行。

97 年民航人員考試試題

等　　別：三等考試

科　　目：飛航管制

考試時間：二小時

※注意事項：

（一）不必抄題，作答時請將試題題號及答案依照順序寫在
　　　試卷上，於本試題上作答者，不予計分。

（二）得使用電子計算器。

一、一架飛機以時速 700 公里（km/hr）在高度為 10 公里（km）
　　進行巡航（cruise）飛行。若機身外面空氣量得的溫度為
　　223.26 K（Kelvin），壓力為 2.65 × 104 牛頓／公尺 ^{2}
　　（N/m^2），密度為 0.04135 公斤／公尺 ^{3}（kg/m^3）。已知
　　氣體常數（gas constant）為 287 公尺 ^{2}／秒 ^{2}K（m^2/sec^{2}K）。
　　試計算在此高度的聲音速度（speed of sound）。（10分）而
　　此時飛機的飛行馬赫數（Mach number）為多少？（10分）

解答

在此必須注意速度單位轉換 $V_1 = 700 km/hr = 700 \times 1000 / 3600 (m/s)$

（一）$a = \sqrt{\gamma RT} = \sqrt{1.4 \times 287 \times 223.6} = 299.7 (m/s)$

（二） $M_a = \dfrac{V}{a} = \dfrac{194.4}{299.7} = 0.65$

二、一架民航機在高度為 H 且以 V_1 的速度做巡航飛行時，假若此高度的空氣壓力為 P_1、溫度為 T_1、密度為 ρ_1。若不考慮可壓縮效應，且忽略摩擦損失，則當飛機上某一點的速度變為 V_2 時，則此點的壓力變為多少？（10 分）若考慮可壓縮效應時，則此點的壓力是增加或減少？試解釋其原因。（10 分）

解答

（一）根據柏努利定理 $P_1 + \dfrac{1}{2}\rho V_1^{\,2} = P_2 + \dfrac{1}{2}\rho V_2^{\,2}$ ；

所以 $P_2 = P_1 + \dfrac{1}{2}\rho(V_1^{\,2} - V_2^{\,2})$

（二）若考慮可壓縮效應，則根據理想氣體方程式 $P = \rho RT$

若 $P_1 > P_2$，則 $\rho_1 > \rho_2$，所以在該點的壓力值 P_2 會比根據柏努利定理計算出的壓力值大。

若 $P_1 < P_2$，則 $\rho_1 < \rho_2$，所以在該點的壓力值 P_2 會比根據柏努利定理計算出的壓力值小。

三、何謂寄生阻力（parasite drag）？（7 分）何謂誘導阻力（induced drag）？（7 分）何者會受飛行升力所影響？試解釋說明之。（6 分）。

（一）一般而言，我們可把飛機飛行所承受的阻力分成形狀阻力、摩擦阻力、干擾阻力以及誘導阻力等四類，其中形狀阻力及摩擦阻力之和我們稱之為型阻（profile drag），而寄生阻力（Parasitic drag）＝形狀阻力＋摩擦阻力＋干擾阻力。

（二）所謂誘導阻力是指機翼的翼端部因上下壓力差，空氣會從壓力大往壓力小的方向移動，而從旁邊往上翻，因而在兩端產生渦流，所產生的阻力。

（三）誘導阻力會受飛行升力所影響，又稱升力衍生阻力。

四、民航機的推進系統大致上可分為螺旋槳式（Propeller-driven）與噴射式（Jet-driven）兩類，就飛機的飛行速度與飛行高度為考量，飛機如何選用上述的引擎配合使用？原因何在？試詳細說明之。（20分）

（一）渦輪噴射發動機【噴射式（Jet-driven）】的優點是具高空運轉的特徵；其缺點是無法要求其在低速時產生大推力。

（二）渦輪螺旋槳發動機【螺旋槳式（Propeller-driven）】的優點是中、低空高度及次音速之空速下可產生較大的推力（空速為 0.5 馬赫時，其推進效率極佳）；其缺點是隨著飛行速度增加，而使阻力大增，則會造成飛行上之瓶頸。

（三）所以在高空高速時使用渦輪噴射發動機【噴射式（Jet-dr
　　　iven）】，在中、低空高度及次音速之空速使用渦輪螺旋
　　　槳發動機【螺旋槳式（Propeller-driven）】。

五、就飛行力學的觀點，一架飛機要作六個自由度（degree of
　　freedom）的穩定飛行，請問是那六個自由度？（10分）若
　　飛機要作穩定控制時，其相對的控制舵面（control surfaces）
　　分別為何？試說明之。（10分）

解答

（一）如圖一所示，飛機是三度空間的自由體，所以有六個自
　　　由度，三個為前後、上下及左右三個移動和前後、上下
　　　及左右三面旋轉。簡單來說就是沿三個坐標軸的移動和
　　　繞三個坐標軸的轉動。

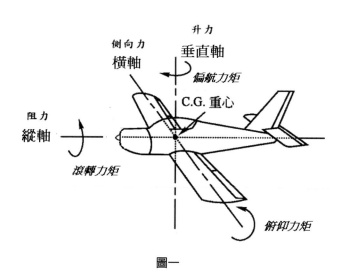

圖一

（二）如圖二所示

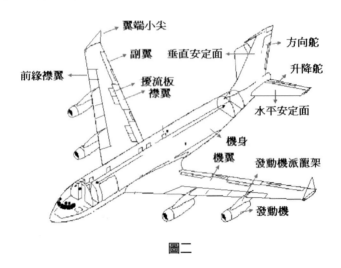

翼端小尖
副翼　垂直安定面　方向舵
前緣襟翼　　擾流板　升降舵
襟翼
水平安定面
機身
機翼　發動機派龍架
發動機

圖二

若飛機要作穩定控制時，其相對的控制舵面及功用如下：

1. 垂直安定面（Vertical stabilizer）：飛機的垂直安定面的作用是使飛機在偏航方向上（即飛機左轉或右轉）具有靜穩定性。

2. 水平安定面（Horizontal Stabilizer）：飛機的水平安定面就能夠使飛機在俯仰方向上（即飛機抬頭或低頭）具有靜穩定性。

3. 升降舵（Elevator）：是使機頭上下移動之控制面。

4. 方向舵（Rudder）：是使機頭左右移動之控制面

5. 副翼（Airelon）：是使機身左右滾轉之控制面。

6. 襟翼（Flap）：主要功能為增加機翼面積使其增加升力（同時也會產生阻力），一般用於起飛時增加升力以及下降時增加阻力。

98 年民航人員考試試題

等　　別：三等考試

科　　目：飛航管制

考試時間：二小時

※注意事項：

（一）不必抄題，作答時請將試題題號及答案依照順序寫在
　　　試卷上，於本試題上作答者，不予計分。

（二）得使用電子計算器。

一、何謂空速計（Airspeed Indicator）？（5分）它的使用原理
　　為何？（5分）可能造成空速計的誤差有那些？（10分）

解答

（一）空速計（Airspeed Indicator）是測量和顯示航空器相對周
　　　圍空氣的運動速度的儀表。

（二）飛機上常用的空速計主要有指示空速計、真空速計、馬
　　　赫數表和組合式空速計等。指示空速計利用開口膜盒等
　　　敏感元件，通過測量空速管處的總壓與靜壓的壓差，間
　　　接測出空速（利用柏努利原理所求出）。真空速計由指
　　　示空速計增加真空膜盒等附件組成，這些附件主要用於
　　　修正因大氣條件變化帶來的誤差，經修正的空速，接近

於真實空速。馬赫數表的工作原理與真空速表相似，它主要為飛行員測量及顯示真空速與音速的比值。組合式空速計則可綜合測量及顯示上述參數及飛行安全相關的參數。

（三）空速計可能造成的誤差有

1. 儀表本身所造成的誤差。

2. 由於指示空速計的速度是利用柏努利原理所求出，也就是忽略空氣可壓縮性，所以若是在高速、高海拔的條件下，還需要修正由於空氣可壓縮性產生的誤差。

3. 一般我們所稱的空速分成指示空速（IAS，簡寫成 V_I）、校準空速（CAS，簡寫成 V_C）、當量空速（EAS，簡寫成 V_E）以及真實空速（TAS，簡寫成 V_T）四種，由其定義我們可知，空速計發生誤差的原因包含

（1）儀表誤差。

（2）位置誤差：由於安裝在飛機上一定位置的總、靜壓管處的氣流方向會隨飛機的具體型號和攻角而改變，因而影響了總、靜壓測量的準確度，導致量測空速的誤差。

（3）空氣的可壓縮性

（4）空氣密度的誤差：由於空速表的刻度盤是按照海平面標準大氣狀態標定的，隨著飛行高度改變，空氣密度也相應改變。

二、常用的飛機座標系統有體座標（Body Axis Frame）與風座標（Wind Axis Frame）兩種，請以直角座標的三個軸（X, Y, Z）的方式，分別討論這三個座標軸在這兩種座標的定義，並請繪圖表示之。（14分）而在何種飛行條件下，這兩種座標是合而為一的（coincide together），為什麼？（6分）

解答

（一）如圖一所示：

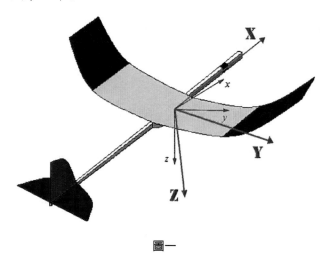

圖一

體座標系是指固定在機體上、隨著飛機一起運動的座標系，因此飛行時，體座標系是靜止不動，其原點在飛機的質心；X 軸（縱軸）是平行於機身軸線（從機尾朝機頭）或主翼平均空氣動力弦長（M.A.C.），向前為＋；Y 軸（橫軸）是垂直於機身對稱面（從左翼朝右翼），向右為＋；Z 軸（立軸）是在機身對稱面上（從機背朝

機腹），向下為＋。2. 風座標系是指固定在氣流上、隨著氣流一起運動的座標系。其原點在飛機的質心；x 軸是沿空速的方向，向前為＋；y 軸是垂直於 x z 平面，向右為＋；而 z 軸則是在機身對稱面上，向下為＋。

（二）風座標系 x 軸（空速的方向）與體座標系 XZ 平面的夾角，我們稱之為側滑角，以 β 表示。體座標系 X 軸（飛機縱軸的方向）與風座標系 xy 平面的夾角稱為攻角，以 α 表示。當 α 與 β 均為 0 時，風座標系與體座標系這兩種座標是合而為一的。

三、機場起降的飛機經常需要排班等待前行飛機起飛或降落一段時間，為什麼？（10 分）這也經常造成機場在尖峰時刻擁擠的原因，如何克服這種困難？（10 分）

解答

（一）依據民用航空法以及飛航及管制辦法，為了對中飛航及機場地面活動之航空器的飛行活動行管制，以避免航空器間、或操作區內航空器與障礙物之碰撞，並維持空中交通秩序之服務，所以在飛機起降時必須做時間隔離。

（二）現在的航管系統用人工判斷飛機起降時間，無法全面掌握飛機在天空的狀況，部分空域必須以較長時間隔離飛機。新一代航管設備因有衛星導航，可以掃除雷達死角，航管人員可更精確掌握飛機在空中的位置，降低飛機間的隔離，排除空中塞機，飛機也可更彈性選擇較佳航路，

縮短航程與時間，降低飛航成本，同時因飛機滯空時間減少，還可大幅節省消耗燃油。所以欲克服時間隔離對機場在尖峰時刻擁擠所造成的擁擠現象，應引用具備衛星導航功能之新一代航管設備。

四、一架飛機質量為 4000kg，翼面積為 50m^2。假設此飛機在高空飛行時突然失去動力（lost power），而必須以滑行（gliding）方式迫降。若此飛機保持 C_L=0.975 與 L/D=10.15，空氣密度為 1.225kg/m^3。試計算下列問題：

（一）此時飛機的運動方程式為何？（8分）

（二）此時飛機的向下滑行角度（Gliding angle）為何？（6分）

（三）此時的滑行速度（Gliding speed）為何？（6分）

解答

（一）如圖二示意圖所示，升力、重力、阻力與推力間的關係如下：

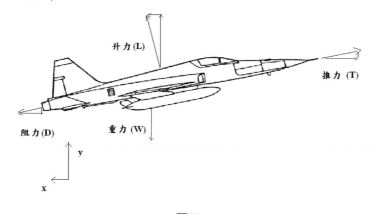

升力 (L)

推力 (T)

阻力 (D)   重力 (W)

y

x

圖二

所以飛機的運動方程式為

$$F_y = L\cos\theta - D\sin\theta + T\sin\theta - W \quad ; \quad F_x = D\cos\theta + L\sin\theta - T\cos\theta$$

因為假設此飛機在高空飛行時突然失去動力，所以推力 T=0，因此在此時飛機的運動方程式為

$$F_y = L\cos\theta - D\sin\theta - W \quad ; \quad F_x = D\cos\theta + L\sin\theta$$

（二）如圖三示意圖所示

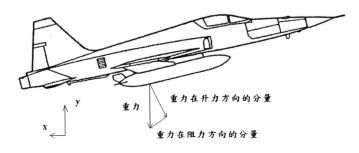

y

重力 重力在升力方向的分量

x

重力在阻力方向的分量

圖三

　　當飛機為失去動力迫降，此時升力、重力、阻力與推力間的關係為

$$T = 0$$

$$L \cong W\cos\theta$$

$$D \cong W\sin\theta$$

$$\frac{D}{L} \cong \cot\theta \text{，所以降落角為 } \theta \cong \cot^{-1}\frac{D}{L} = \cot^{-1}(10.15) = 5.63^0$$

（三）當飛機為失去動力 $L \cong W$，所以失速速度（滑行速度）

$$L \cong W = \frac{1}{2}\rho V^2 C_L S \Rightarrow V = \sqrt{\frac{2W}{\rho C_L S}} = \sqrt{\frac{2 \times 4000 \times 9.81}{1.225 \times 0.975 \times 50}} = 36.25(m/s)$$

五、

（一）若一架飛機在飛行時要保持在縱向（Longitudinal direction）的靜態穩定（Static stability），其條件為何？（10分）

（二）接（一），若飛機碰到亂流（Turbulence）或陣風（Wind gust），此時必須考慮動態的條件，請問如何達成動態穩定（Dynamic stability）？（10分）

解答

（一）所謂之靜態穩定對飛機而言，即是飛機受到干擾打破原來的平衡狀況時，有回到原來的平衡狀況的趨勢，飛機在飛行時要保持在縱向（Longitudinal direction）的靜態穩定的必要條件為 $\dfrac{dC_{M_{CG}}}{d\alpha} = C_{M_\alpha} < 0$，也就是說當攻角增加（$d\alpha > 0$）時，俯仰力矩係數將會減少（$dC_M < 0$），當攻角減少（$d\alpha < 0$）時，俯仰力矩係數將會增加（$dC_M > 0$）。

（二）若飛機碰到亂流（Turbulence）或陣風（Wind gust），我們要保持飛機縱軸動態穩定（Longitudinal Stability），我們可利用控制面所附加的補助力使飛機的空氣動力中心（或升力中心）作用於飛機的重心後面，讓飛機在縱軸（俯仰）方向的振動或是擾動隨時間增長而消失或減小達到縱軸（俯仰）方向的正性動態穩定的狀態，另外在飛機裝設水平安定面（Horizontal Stabilizer）亦能讓飛機具備縱軸（俯仰）方向的正性動態穩定的功能。

一、保持飛機側軸穩定（Lateral Stability）的方法與原理。

二、保持飛機方向穩定（Directional stability）的方法與原理。

三、上反角（Dihedral Angle ）之定義與功用（原理）。

100 年民航人員考試試題

等　　別：三等考試

科　　目：飛航管制

考試時間：二小時

※注意事項：

（一）不必抄題，作答時請將試題題號及答案依照順序寫在
　　　試卷上，於本試題上作答者，不予計分。

（二）得使用電子計算器。

一、

（一）何謂負載因素（Load Factor）？（5分）

（二）當飛機以定速（V∞）作水平巡航（Level cruise）時，
　　　此時的負載因素為何？（7分）

（三）接（二），若此飛機以相同速度（V∞）作半徑為 R
　　　的爬升飛行（Pull-up flight）時，此時的負載因素為何？
　　　（8分）

解答

（一）負載因子（Load Factor；LF）即是飛機機翼支持的重除
　　　以飛機本身的重量。所以我們可以把負載因子（Load

Factor；LF）定義為機翼承受的負載除以飛機總重或實際負載與重力的比值。

（二）在等速等高同水平的飛行（作水平巡航；Level cruise）時，其負載因子（Load Factor；LF）為 1。

（三）飛機在作曲線或轉圈動作時，另一種力量，即是離心力會加諸在機翼上，即是飛機機翼必需負擔機身本身重量外，還必須要加負擔上因曲線或轉圈時所產生的離心力。因為當飛機從升力等於重力（L=W）的平飛狀態突然向上拉高（pullup）做鉛垂面的圓周運動時，機翼所承受的負載為重力加上離心力（$\frac{mV_\infty^2}{R} = \frac{WV_\infty^2}{gR}$），所以負載因子（Load Factor；LF）為 $LF = \dfrac{W + \dfrac{WV_\infty^2}{gR}}{W} = 1 + \dfrac{V_\infty^2}{gR}$

二、

（一）何謂飛機的失速（Stall）？（6分）

（二）何謂飛機的失速速度（Stall speed）？（6分）

（三）飛機飛行時，如何避免失速的發生？（8分）

解答

（一）失速（Stall）：在低攻角的時候，升力會隨著攻角上升，但是到達臨界攻角時，機翼會產生流體分離現象，此時，升力會大幅下降，飛機將無法再繼續飛行，我們稱之為失速。

（二）所謂失速速度是指飛機維持飛行時所須的最小速度，在此情況下，升力等於重力（L＝W），升力係數為最大升力係數。因此失速速度的計算公式為

$$V_{Stall} \equiv \sqrt{\frac{2W}{\rho C_{L\max}S}}$$

（三）如前所述，由於失速現象發生在臨界攻角（或稱失速攻角）的情況，故要避免失速發生，主要是讓攻角小於臨界攻角。

衍生出的問題

一、失速攻角的定義。
二、失速速度的計算公式之推導。

三、

（一）飛機起飛與降落（Take-off and landing）時，安全的速度控制很重要，請問此安全速度會由什麼條件所決定（或控制）？為什麼？（10分）

（二）接（一），降低飛機的起飛與降落速度以保持飛行安全及舒適相當重要，試從飛行原理，說明如何降低飛機的起飛與降落時的速度？（10分）

解答

（一）法規規定，為安全起見，飛機起飛（takeoff）速度必須大於失速速度的 1.1 倍，但若飛機的起飛速度（VTO）

為失速速度的 1.1 倍，則升力等於重力，即無法將平行於跑道的拉起，轉向至爬升角度，故飛機的起飛速度為失速速度的 1.2 倍。飛機觸地（touch down）速度必須大於失速速度的 1.15 倍。為安全起見，通常 VTD 為失速速度的 1.3 倍。由上可知，根據法規飛機起飛與降落（Take-off and landing）時的安全速度控制取決於飛機的失速速度，但是氣候的狀況、能見度以及機場跑道擁擠的情況亦是考慮的因素。

（二）就飛機的控制面而言，飛機的起飛與降落是由襟翼（Flap）來操控，襟翼的主要功能為增加機翼面積使其增加升力，但同時也會產生阻力，由於阻力增加，因此造成飛機起飛與降落時的速度降低。

> **衍生出的問題**

一、起飛速度（VTO）的定義。
二、失速速度的定義。
三、失速攻角的定義。
四、飛機的控制面之位置、名稱與功用。

四、

（一）一般的固定翼（Fixed wing）飛機都設計成縱向面對稱（Longitudinal plane of symmetry），請討論要達成此種對稱的條件有那些？（8分）

（二）接（一），但雖然如此，往往固定翼飛機在飛行時可能
　　　會發生氣動力非對稱（Aerodynamic asymmetry），或
　　　者是慣性非對稱（Inertial asymmetry）的情形，請詳細
　　　討論其原因？（12分）

解答

（一）如圖一所示，飛機是三度空間的自由體，飛機設計如果
　　　要達到成縱向的面對稱，則飛機左右的合力必須為0，也
　　　就是飛機對重心的偏航力矩（Yawing Moment）為0。

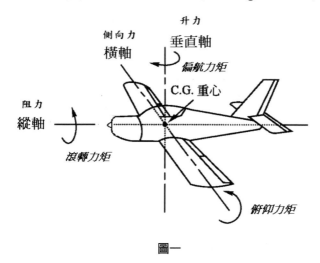

圖一

（二）固定翼飛機在飛行時可能會因為陣風或擾動，造成機頭
　　　左右移動的現象，但因為垂直安定面及後掠角的設計，
　　　會使飛機具備方向穩定（Directional stability）的功能，
　　　除此之外，方向舵（Rudder）操縱亦是造成機頭左右移
　　　動現象的原因之一。

五、

（一）何謂飛機的配平（Trim）？（8分）

（二）若飛機作穩定飛行時，它的配平條件（Trim condition）為何？（8分）

（三）接（二），如果飛機飛行時未滿足配平條件，則該飛機的飛行行為（Flight behavior）為何？（4分）

解答

（一）所謂配平（Trim）就是利用裝置對操作面（副翼、升降舵、方向舵）進行微調，來穩定航機的姿態及航向的功能，這樣可以降低飛行員調整或保持希望的飛行姿態所需的力量。

（二）根據 JANE'S Aerospace Dictionary 對 trim 的解釋：若飛機作穩定飛行時，它的配平條件是飛機對飛機重心的全部殘餘力矩等於零的情況。飛機在巡航時處於平衡（配平，trim）狀態，此時升力等於重力，推力等於阻力，合力矩為零，此時飛機以等速、等高度的直線飛行。

（三）如果飛機飛行時未滿足配平條件，則該飛機可能會產生俯仰（Pitch）、翻滾（Roll）或偏航（Yaw）的情況，此時就需要靠飛機配平（Trim）加以修正。

衍生出的問題

一、飛機的控制面之位置、名稱與功用。

二、三軸穩定的定義。

高等三級航空通信

97 年民航人員考試試題

等　　別：三等考試

科　　目：航空通信

考試時間：二小時

※注意事項：

（一）不必抄題，作答時請將試題題號及答案依照順序寫在
試卷上，於本試題上作答者，不予計分。

（二）得使用電子計算器。

一、一架飛機以時速 700 公里（km/hr）在高度為 10 公里（km）
進行巡航（cruise）飛行。若機身外面空氣量得的溫度為
223.26 K（Kelvin），壓力為 2.65×10^4 牛頓／公尺^2
（N/m^2），密度為 0.04135 公斤／公尺^3（kg/m^3）。已知
氣體常數（gas constant）為 287 公尺^2／秒^{2}K（m^2/sec^{2}K）。
試計算在此高度的聲音速度（speed of sound）。（10 分）而
此時飛機的飛行馬赫數（Mach number）為多少？（10 分）

解答

在此必須注意速度單位轉換　$V_1 = 700km/hr = 700 \times 1000/3600(m/s)$

（一）　$a = \sqrt{\gamma RT} = \sqrt{1.4 \times 287 \times 223.6} = 299.7(m/s)$

（二）　$M_a = \dfrac{V}{a} = \dfrac{194.4}{299.7} = 0.65$

二、一架民航機在高度為 H 且以 V_1 的速度做巡航飛行時，假若此高度的空氣壓力為 P_1、溫度為 T_1、密度為 ρ_1。若不考慮可壓縮效應，且忽略摩擦損失，則當飛機上某一點的速度變為 V_2 時，則此點的壓力變為多少？（10 分）若考慮可壓縮效應時，則此點的壓力是增加或減少？試解釋其原因。（10 分）

解答

（一）根據柏努利定理 $P_1 + \dfrac{1}{2}\rho V_1^2 = P_2 + \dfrac{1}{2}\rho V_2^2$ ；所以

$P_2 = P_1 + \dfrac{1}{2}\rho(V_1^2 - V_2^2)$

（二）若考慮可壓縮效應，則根據理想氣體方程式 $P = \rho RT$

　　若 $P_1 > P_2$，則 $\rho_1 > \rho_2$，所以在該點的壓力值 P_2 會比根據柏努利定理計算出的壓力值大。

　　若 $P_1 < P_2$，則 $\rho_1 < \rho_2$，所以在該點的壓力值 P_2 會比根據柏努利定理計算出的壓力值小。

三、何謂寄生阻力（parasite drag）？（7 分）何謂誘導阻力（induced drag）？（7 分）何者會受飛行升力所影響？試解釋說明之。（6分）。

（一）一般而言，我們可把飛機飛行所承受的阻力分成形狀阻力、摩擦阻力、干擾阻力以及誘導阻力等四類，其中形狀阻力及摩擦阻力之和我們稱之為型阻（profile drag），而寄生阻力（Parasitic drag）＝形狀阻力＋摩擦阻力＋干擾阻力。

（二）所謂誘導阻力是指機翼的翼端部因上下壓力差，空氣會從壓力大往壓力小的方向移動，而從旁邊往上翻，因而在兩端產生渦流，所產生的阻力。

（三）誘導阻力會受飛行升力所影響，又稱升力衍生阻力。

四、民航機的推進系統大致上可分為螺旋槳式（Propeller-driven）與噴射式（Jet-driven）兩類，就飛機的飛行速度與飛行高度為考量，飛機如何選用上述的引擎配合使用？原因何在？試詳細說明之。（20分）

（一）渦輪噴射發動機【噴射式（Jet-driven）】的優點是具高空運轉的特徵；其缺點是無法要求其在低速時產生大推力。

（二）渦輪螺旋槳發動機【螺旋槳式（Propeller-driven）】的優點是中、低空高度及次音速之空速下可產生較大的推力（空速為0.5馬赫時，其推進效率極佳）；其缺點是隨著飛行速度增加，而使阻力大增，則會造成飛行上之瓶頸。

（三）所以在高空高速時使用渦輪噴射發動機【噴射式（Jet-dr iven）】，在中、低空高度及次音速之空速使用渦輪螺旋槳發動機【螺旋槳式（Propeller-driven）】。

五、就飛行力學的觀點，一架飛機要作六個自由度（degree of freedom）的穩定飛行，請問是那六個自由度？（10分）若飛機要作穩定控制時，其相對的控制舵面（control surfaces）分別為何？試說明之。（10分）

解答

（一）如圖一所示，飛機是三度空間的自由體，所以有六個自由度，三個為前後、上下及左右三個移動和前後、上下及左右三面旋轉。簡單來說就是沿三個坐標軸的移動和繞三個坐標軸的轉動。

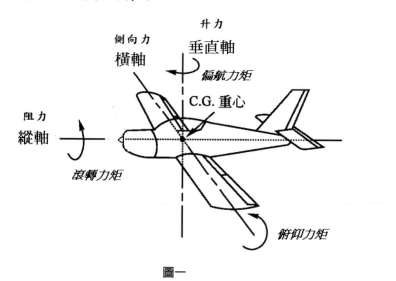

圖一

（二）如圖二所示

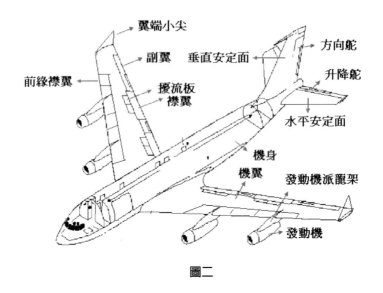

圖二

　　若飛機要作穩定控制時，其相對的控制舵面及功用如下：

1. 垂直安定面（Vertical stabilizer）：飛機的垂直安定面的作用是使飛機在偏航方向上（即飛機左轉或右轉）具有靜穩定性。

2. 水平安定面（Horizontal Stabilizer）：飛機的水平安定面就能夠使飛機在俯仰方向上（即飛機抬頭或低頭）具有靜穩定性。

3. 升降舵（Elevator）：是使機頭上下移動之控制面。

4. 方向舵（Rudder）：是使機頭左右移動之控制面

5. 副翼（Airelon）：是使機身左右滾轉之控制面。

6. 襟翼（Flap）：主要功能為增加機翼面積使其增加升力（同時也會產生阻力），一般用於起飛時增加升力以及下降時增加阻力。

100 年民航人員考試試題

等　　別：三等考試
科　　目：航空通信
考試時間：二小時

※注意事項：

（一）不必抄題，作答時請將試題題號及答案依照順序寫在
試卷上，於本試題上作答者，不予計分。

（二）得使用電子計算器。

一、

（一）何謂負載因素（Load Factor）？（5分）

（二）當飛機以定速（V∞）作水平巡航（Level cruise）時，
此時的負載因素為何？（7分）

（三）接（二），若此飛機以相同速度（V∞）作半徑為 R 的
爬升飛行（Pull-up flight）時，此時的負載因素為何？
（8分）

解答

（一）負載因子（Load　Factor；LF）即是飛機機翼支持的重除
以飛機本身的重量。所以我們可以把負載因子（Load

Factor；LF）定義為機翼承受的負載除以飛機總重或實際
負載與重力的比值。

（二）在等速等高同水平的飛行（作水平巡航；Level cruise）
時，其負載因子（Load Factor；LF）為 1 。

（三）飛機在作曲線或轉圈動作時，另一種力量，即是離心力
會加諸在機翼上，即是飛機機翼必需負擔機身本身重量
外，還必須要加負擔上因曲線或轉圈時所產生的離心
力。因為當飛機從升力等於重力（L＝W）的平飛狀態突
然向上拉高（pullup）做鉛垂面的圓周運動時，機翼所承
受的負載為重力加上離心力（ $\frac{mV_\infty^2}{R} = \frac{WV_\infty^2}{gR}$ ），所以負載
因子（Load Factor；LF）為 $LF = \dfrac{W + \dfrac{WV_\infty^2}{gR}}{W} = 1 + \dfrac{V_\infty^2}{gR}$

二、

（一）何謂飛機的失速（Stall）？（6分）

（二）何謂飛機的失速速度（Stall speed）？（6分）

（三）飛機飛行時，如何避免失速的發生？（8分）

解答

（一）失速（Stall）：在低攻角的時候，升力會隨著攻角上升，
但是到達臨界攻角時，機翼會產生流體分離現象，此時，
升力會大幅下降，飛機將無法再繼續飛行，我們稱之為
失速。

（二）所謂失速速度是指飛機維持飛行時所須的最小速度，在此情況下，升力等於重力（L=W），升力係數為最大升力係數。因此失速速度的計算公式為

$$V_{Stall} \equiv \sqrt{\frac{2W}{\rho C_{L\,max} S}}$$

（三）如前所述，由於失速現象發生在臨界攻角（或稱失速攻角）的情況，故要避免失速發生，主要是讓攻角小於臨界攻角。

衍生出的問題

一、失速攻角的定義。
二、失速速度的計算公式之推導。

三、

（一）飛機起飛與降落（Take-off and landing）時，安全的速度控制很重要，請問此安全速度會由什麼條件所決定（或控制）？為什麼？（10分）

（二）接（一），降低飛機的起飛與降落速度以保持飛行安全及舒適相當重要，試從飛行原理，說明如何降低飛機的起飛與降落時的速度？（10分）

解答

（一）法規規定，為安全起見，飛機起飛（takeoff）速度必須大於失速速度的 1.1 倍，但若飛機的起飛速度（VTO）

為失速速度的 1.1 倍，則升力等於重力，即無法將平行於跑道的拉起，轉向至爬升角度，故飛機的起飛速度為失速速度的 1.2 倍。飛機觸地（touch down）速度必須大於失速速度的 1.15 倍。為安全起見，通常 VTD 為失速速度的 1.3 倍。由上可知，根據法規飛機起飛與降落（Take-off and landing）時的安全速度控制取決於飛機的失速速度，但是氣候的狀況、能見度以及機場跑道擁擠的情況亦是考慮的因素。

（二）就飛機的控制面而言，飛機的起飛與降落是由襟翼（Flap）來操控，襟翼的主要功能為增加機翼面積使其增加升力，但同時也會產生阻力，由於阻力增加，因此造成飛機起飛與降落時的速度降低。

衍生出的問題

一、起飛速度（VTO）的定義。
二、失速速度的定義。
三、失速攻角的定義。
四、飛機的控制面之位置、名稱與功用。

四、

（一）一般的固定翼（Fixed wing）飛機都設計成縱向面對稱（Longitudinal plane of symmetry），請討論要達成此種對稱的條件有那些？（8分）

（二）接（一），但雖然如此，往往固定翼飛機在飛行時可能會發生氣動力非對稱（Aerodynamic asymmetry），或者是慣性非對稱（Inertial asymmetry）的情形，請詳細討論其原因？（12分）

解答

（一）如圖一所示，飛機是三度空間的自由體，飛機設計如果要達到成縱向的面對稱，則飛機左右的合力必須為 0，也就是飛機對重心的偏航力矩（Yawing Moment）為 0。

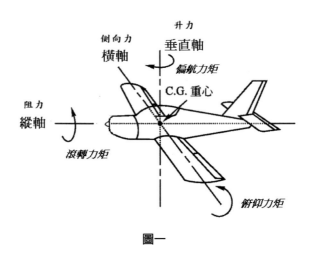

圖一

（二）固定翼飛機在飛行時可能會因為陣風或擾動，造成機頭左右移動的現象，但因為垂直安定面及後掠角的設計，會使飛機具備方向穩定（Directional stability）的功能，除此之外，方向舵（Rudder）操縱亦是造成機頭左右移動現象的原因之一。

五、

（一）何謂飛機的配平（Trim）？（8分）

（二）若飛機作穩定飛行時，它的配平條件（Trim condition）為何？（8分）

（三）接（二），如果飛機飛行時未滿足配平條件，則該飛機的飛行行為（Flight behavior）為何？（4分）

解答

（一）所謂配平（Trim）就是利用裝置對操作面（副翼、升降舵、方向舵）進行微調，來穩定航機的姿態及航向的功能，這樣可以降低飛行員調整或保持希望的飛行姿態所需的力量。

（二）根據 JANE'S Aerospace Dictionary 對 trim 的解釋：若飛機作穩定飛行時，它的配平條件是飛機對飛機重心的全部殘餘力矩等於零的情況。飛機在巡航時處於平衡（配平，trim）狀態，此時升力等於重力，推力等於阻力，合力矩為零，此時飛機以等速、等高度的直線飛行。

（三）如果飛機飛行時未滿足配平條件，則該飛機可能會產生俯仰（Pitch）、翻滾（Roll）或偏航（Yaw）的情況，此時就需要靠飛機配平（Trim）加以修正。

衍生出的問題

一、飛機的控制面之位置、名稱與功用。

二、三軸穩定的定義。

高等三級航空駕駛

92年民航人員考試試題

等　　別：三等考試
科　　目：航空駕駛
考試時間：二小時
※注意事項：

（一）不必抄題，作答時請將試題題號及答案依照順序寫在
試卷上，於本試題上作答者，不予計分。

（二）禁止使用電子計算器。

一、

（一）一架飛機要能在等高情況下保持等速飛行，必須符合
力的平衡條件，請問飛機飛行中受那些力量作用？又
在此等高等速條件下，那些力要平衡？（10分）

（二）飛機有三個主軸，飛機可以在此三主軸上移動
（translation）或轉動（rotation）此即所謂飛機之六個
運動自由度（six degrees of freedom），請定義飛機之
三個主軸（請以文字或畫圖詳細說明）。飛行時飛機
可以沿此三主軸旋轉，請問沿此三軸旋轉之運動如何
稱呼？又飛機如何運用其那些主要控制面（control
surface）來操縱控制此三軸之旋轉？以及如何保持穩
定？（請詳細說明）（15分）。

（一）飛機飛行時主要有升力、阻力、推力以及重力作用在飛機上，當飛機爬升到巡航高度時就收小油門，稱為平飛，這時候升力等於重力，推力等於阻力，也就能定速及等高度飛行。

（二）1.

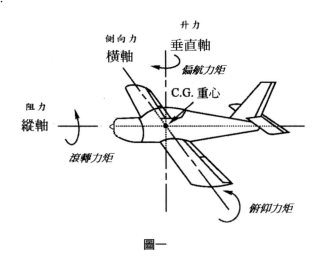

圖一

如圖一所示，飛機是三度空間的自由體，所以有六個自由度，三個為前後、上下及左右三個移動和前後、上下及左右三面旋轉。簡單來說就是沿三個坐標軸的移動和繞三個坐標軸的轉動。其中前後方向的軸，我們稱之為縱軸（Longitudinal axis），左右方向的軸，我們稱之橫軸（Lateral axis）上下方向的軸，我們稱之垂直軸（Vertical axis）。

2. 繞著縱軸旋轉的運動我們稱之為滾轉運動，繞著橫縱軸旋轉的運動我們稱之為俯仰運動。繞著垂直軸旋轉的運動我們稱之為偏航（航向）運動。

3. 飛機主要是利用控制副翼飛機的滾轉運動；利用方向舵用於控制飛機的偏航（航向）運動，利用升降舵用於控制飛機的俯仰運動。

4. 傳統飛機的穩定性設計是使飛機的空氣動力中心（或升力中心）作用在重心的後面，並利用垂直尾安定面與水平安定面，來保持飛機飛行的穩定。

衍生出的問題

一、民航機發動機的種類。飛機起飛與降落時，四種力之間的關係。

二、試以飛機飛行時所受四種力的角度，說明飛機為什麼會飛。

三、飛機巡航速度與飛機重量及升力（升力係數）之間的關係。

二、現今飛機之推進系統主要是採用氣渦輪引擎（gas turbine engine），請問飛機之噴射推進氣渦輪引擎主要包括那些主要組件？各個組件之功能與作用各為如何？飛機引擎主要是依據噴射推進原理，驅動飛機往前推進，其推進原理與牛頓的作用力與反作用力定律有關，請問驅使飛機往前推進的力量從何而來？如何產生？（請詳細說明）這個推進力量的產生與上述飛機氣渦輪引擎的個別組件的對應關係又如何？（25分）

（一）渦輪噴射發動機的主要主件大抵包括進氣道（Inlet）、壓縮器（Compressor）、燃燒室（Combustion Chamber）、渦輪（Turbine）以及噴嘴（Nozzle）等五個部份。

（二）各個組件之功能與作用分述如下：

1. 進氣道：進氣道在渦輪發動機的功能有二，一個是吸入空氣與減速增壓，另一個是提供穩定氣流給壓縮器。

2. 壓縮器：壓縮器在渦輪發動機的功能有二，一個是壓縮空氣，並提供穩定氣流送入燃燒室燃燒，另一個是提供冷卻氣流至低壓渦輪以達散熱目的。

3. 燃燒室：空氣經壓縮機增壓後進入燃燒室與燃料混合燃燒，使氣體變成高溫高壓狀態。

4. 渦輪：渦輪在渦輪發動機的功能是帶動壓縮器轉動。

5. 噴嘴：噴嘴在渦輪發動機的功能是將在燃燒室燃燒後後氣體減壓加速並排至外界。

（三）所謂牛頓第三定律是說作用在物體上的力都有大小相等，方向相反的作用力與反作用力，當飛機藉由發動機產生噴射氣流對空氣施力，空氣會對飛機產生一大小相等，方向相反的反作用力，因而產生推力。

（四）推力的產生與飛機氣渦輪引擎的個別組件的關係我們可以從渦輪噴射發動機組件之功能與作用看出：進氣道提供穩定氣流給發動機，推進氣道的氣流率越大則產生的推力越大。燃燒室可以提供發動機產生推力的能量，壓縮機可以使燃燒室的效果越好，通常在一定限度內，壓

縮機的壓縮機比越大則產生的推力越大，渦輪是帶動壓縮器轉動，噴嘴則是使噴射氣流加速產生推力。

衍生出的問題

一、民航機發動機的種類。
二、民航機的發動機無後燃器，但戰機卻有，請問其原因與後燃器之功能與作用。

三、在機翼設計與實際飛行操控上，常困擾的兩個問題：一是機翼失速問題（wing stall problem），請問何謂機翼失速？其現象為何？又如何控制，或如何避免？另一為機翼臨界馬赫數（critical Mach number），請問何謂臨界馬赫數？這是如何的現象？對飛機與飛行有何影響？如何控制或避免？（25分）。

解答

（一）

1. 所謂機翼失速（wing stall）是指在低攻角的時候，升力會隨著攻角上升，但是到達臨界攻角時，機翼會產生流體分離現象，此時，升力會大幅下降，飛機將無法再繼續飛行，我們稱之為機翼失速。

2. 如前所述，由於失速現象發生在臨界攻角（或稱失速攻角）的情況，故要避免失速發生，主要是讓攻角小於臨界攻角。

（二）

1. 所謂臨界馬赫數（critical Mach Number）是指飛機在接近音速飛行時，隨著飛行速度的增加，上翼面的速度到達音速，此時飛機飛行的馬赫數稱之為臨界馬赫數。

2. 到達臨界馬赫數時，機翼的上翼面會有震波出現。

3. 飛機在接近音速時，空氣被壓縮而產生震波，其空氣阻力會驟增，在此速度區域飛行會消耗大量燃油，並且會影響飛行安全及存在噪音問題。

4. 現代民航機是使用後掠翼及超臨界機翼兩種方法控制或避免，使用後掠翼可使機翼的臨界馬赫數增加，到 0.87 左右（傳統翼型約為 0.7），若想要延遲臨界馬赫數，則一個重要方法為使用超臨界機翼，目前超臨界翼型可使飛機在馬赫數到 0.96 左右，上表面才會出現馬赫數等於 1 的現象，且機翼上曲面局部超音速現象會被消彌，也就是無震波出現。

衍生出的問題

一、次音速流（subsonic flow）、穿音速流（transonic flow）與超音速流（supersonic flow）之定義。
二、臨界攻角之定義。
三、音障（Sound barrier）之定義。
四、震波之定義。
五、後掠翼的功用。
六、超臨界翼型的功用。
七、超臨界翼型的優缺點。

四、飛機引擎可以產生推進的力量，稱之為引擎推力（thrust force），請問推力如何定義？常用上，推力又如何以數學式表示？當然推力除了與引擎本身性能有關外，與操作之環境也有很大的關係，例如，在大氣中，我們知道大氣溫度隨離地表（海平面）高度，呈現不同變化，可以呈現三個區域，一為海平面到 11 公里（36150 英尺）之對流層（troposphere），溫度隨高度直線遞減，一為 11 公里上至約 25 公里處，稱為同溫層（stratosphere），溫度維持不變，超出 25 公里溫度又隨高度遞增。請以圖表示推力個別與航速，大氣溫度，大氣壓力，大氣層高度的關係。（25 分）

解答

（一）當飛機藉由發動機（引擎）產生噴射氣流對空氣施力，空氣會對飛機產生一大小相等，方向相反的反作用力，我們稱之為推力。通常我們將引擎運轉所產生的額定全量推力的轉速在轉速表定為 100%，而引擎推力則是由轉速表之最大轉速（RPM）之百分比來定義的。

（二）渦輪噴射發動機之推力公式

$$T_n = \dot{m}_a(V_j - V_a) + A_j(P_j - P_{atm})$$

$$T_g = \dot{m}_a(V_j) + A_j(P_j - P_{atm})$$

（三）

1. 推力與航速的關係（如圖二所示）

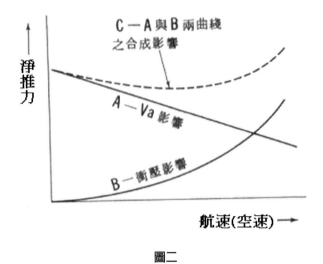

圖二

2. 推力與大氣溫度的關係（如圖三所示）

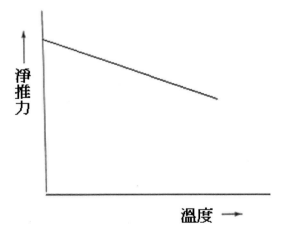

圖三

3. 推力與大氣壓力的關係（如圖四所示）

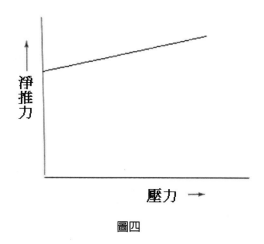

圖四

4. 推力與高度的關係（如圖五所示）

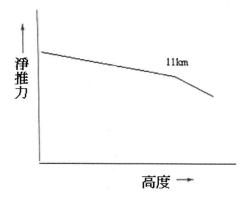

圖五

衍生出的問題

影響發動機推力之因素與現象解釋

93 年民航人員考試試題

等　　別：三等考試

科　　目：航空駕駛

考試時間：二小時

※注意事項：

（一）不必抄題，作答時請將試題題號及答案依照順序寫在試卷上，於本試題上作答者，不予計分。

（二）得使用電子計算器。

一、在對流層（troposphere），大氣溫度 T 與高度 h 之關係式如下：

$$T = T_1 + a(h - h_1)$$

式中，T_1、a 與 h_1 均為常數。若空氣可以假設為理想氣體，其氣體常數為 R，重力加速度 g 設為常數。根據以上假設，試導出空氣密度 ρ 與高度 h 之關係式。（20分）

> 解答

因為 $T = T_1 + a(h - h_1)$ 所以 $dh = \dfrac{dT}{a}$

又因為 $dP = -\rho g dh = -\dfrac{Pg}{aRT} dT$ ，所以 $\dfrac{dP}{P} = -\dfrac{g}{aR}\dfrac{dT}{T}$

兩邊定積分得 $\dfrac{P}{P_1} = \left(\dfrac{T}{T_1}\right)^{-\frac{g}{aR}}$

又因為 $\dfrac{P}{P_1} = \dfrac{\rho T}{\rho_1 T_1}$ 所以 $\dfrac{\rho}{\rho_1} = \dfrac{\dfrac{P}{P_1}}{\dfrac{T}{T_1}} = (\dfrac{T}{T_1})^{-(\frac{g}{aR}+1)}$

如題目所述 T_1、a 與 h_1 均為常數,則我們可得知 ρ_1 亦為常

數,且 $T = T_1 + a(h - h_1)$,所以可得 $\rho = \rho_1 [\dfrac{(T_1 + a(h - h_1))}{T_1}]^{-(\frac{g}{aR}+1)}$

衍生出的問題

一、對流層壓力、密度與溫度間的關係式與證明。
二、同溫層壓力、密度與高度間的關係式與證明。
三、對流層壓力、密度與溫度的計算題。

二、試詳細說明飛機機翼的上反角(dihedral angle)如何影響飛
　　機滾轉方向的姿態穩定?(20分)

解答

　　所謂之上反角是機翼的側角對水平方向而言,另外所謂正
上反角(Positive Dihedral)是翼尖高於翼根的水平面,而負上
反角(Negative Dihedral)是翼尖低於翼根的水平面,機翼的升
力(Lift)是當機翼水平時最大,即上反角等於零時,而當上
反角增加時,機翼上之升力會減小,如圖一所示。當飛機開始
有側軸不穩定現象時,即開始有翻滾動作時,此時飛機的右翼
之升力較大,而左翼因上反角增大而升力減低,如此則有一力
矩使飛機恢復原狀,即消去向右轉動的趨勢,而因兩側的升力

相差，可以將飛機向左轉動而恢復原狀。這個就是因上反角而產生升力而保持了側軸穩定問題（Lateral Stability ）。

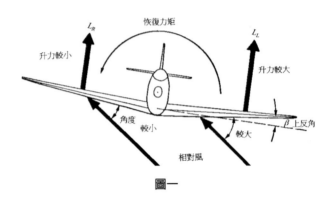

圖一

一、平衡與穩定的定義。
二、三軸穩定的定義。
三、三軸穩定的方式與原理。

三、設有一飛機，其重量為 $W = 20{,}000$ 磅，參考面積為 $S = 250$ 平方呎，在高度 $h = 36{,}000$ 呎（空氣密度 $\rho = 0.0006857$ 斯辣／立方呎，音速 $V_S = 958.43$ 呎／秒），以馬赫（Mach）數 $M = 0.6$ 飛行。若升力係數 C_L 及俯仰力矩係數 C_m ，可以分別以下列二式表示：

$$C_L = C_{L_0} + C_{L_\alpha}\alpha + C_{L_\delta}\delta_e$$

$$C_m = C_{m_0} + C_{m_\alpha}\alpha + C_{m_\delta}\delta_e$$

式中，α 為攻角，δ_e 為升降舵折角。其他係數為常數，設 $C_{L0} = 0.03$，$C_{L\alpha} = 5.84$（每弧度），$C_{L\delta} = 0.556$（每弧度），$C_{m0} = 0.04$，$C_{m\alpha} = -0.64$（每弧度），$C_{m\delta} = -1.52$（每弧度）。計算飛機在平飛配平（trim）狀態的攻角 α 與升降舵折角 δ_e（請以角度表示之，設 $\pi = 3.1416$）。（20 分）

解答

飛機的飛行速度 $V = 0.6 \times 958.43 = 575(ft/s)$，所以

$$C_L = \frac{2W}{\rho V^2 S} = 0.706$$

故可得聯立方程式

$$0.03 + 5.84\alpha + 0.056\delta_e = 0.706$$

$$0.64\alpha + 1.52\delta_e = 0.04$$

所以

$$\alpha \cong 0.123(弧度)$$

$$\delta_e \cong -0.0254(弧度)$$

將其轉換成角度

$$\alpha \cong 7.05^0$$

$$\delta_e \cong -1.456^0$$

衍生出的問題

巡航飛行的的定義、觀念與計算。

四、設有一噴射飛機，其阻力係數 C_D 可以下式表示：

$$C_D = C_{D_0} + KC_L^2$$

式中，C_{D0} 為零升力阻力係數，K 為升力誘導阻力因數（lift-induce drag factor），兩者均設為常數，C_L 為升力係數。假設飛機重量為 W，參考面積為 S。飛機每產生一磅推力，每小時消耗燃料 c 磅，燃料總重量為 W_{fuel}。飛機以等高度（空氣密度為 ρ）飛行。試以所給的參數：

（一）導出最低阻力之速度。（20 分）

（二）導出最遠航程。（20 分）

解答

（一）因為 $L = W = \dfrac{1}{2}\rho V^2 C_L S$ ，所以 $V = \sqrt{\dfrac{2W}{\rho C_l S}}$

（二）因為 $T = D = \dfrac{1}{2}\rho V^2 C_D S = \dfrac{C_{D0}}{C_L}W + KWC_L$

又因為最大航程等於飛行小時乘巡航速度，所以最大航程為

$$\frac{W_{fuel}}{D \times C} \times V = \frac{W_{fuel}}{\dfrac{C_{D0}WC}{C_L} + KCWC_L}\sqrt{\frac{2W}{\rho C_L S}}$$

（在此必須注意單為轉換，例如 1 小時等於 3600 秒）

94 年民航人員考試試題

等　　別：三等考試

科　　目：航空駕駛

考試時間：二小時

※注意事項：

（一）不必抄題，作答時請將試題題號及答案依照順序寫在
試卷上，於本試題上作答者，不予計分。

（二）禁止使用電子計算器。

一、當候鳥結隊飛行時，常採用「人」字形的飛行方式，請以
空氣動力學的觀點繪圖及說明其原因？（10分）

解答

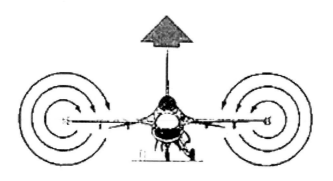

圖一

如圖一所示，空氣動力學的觀點，候鳥結隊飛行時，常採用「人」字形的飛行方式之原理即為有限翼展由於上下表面壓力不同會於翼尖處帶出尾渦之問題。雁群飛行時，會於兩側翼尖帶出上升氣流，即左後和右後方會有升力產生，因此後面的幼雁便可利用這股升力來幫助飛行，達到省力效果，也才能做長程飛行。

PS：請勿與飛機飛行升力產生的原因搞混。

衍生出的問題

誘導阻力產生的現象與改進方式。

二、請列出一般飛機於飛行時產生的兩大類共四種阻力，並請分別說明此四種阻力產生的原因。（15分）

解答

一般而言，我們可把飛機在低速飛行時所承受的阻力分成摩擦阻力、形狀阻力、誘導阻力以及干擾阻力等四種阻力，各種阻力之產生原因分述如下：

1. 摩擦阻力：空氣與飛機摩擦所產生的阻力。

2. 形狀阻力：物體前後壓力差引起的阻力，飛機做得越流線形，形狀阻力就越小。

3. 誘導阻力：機翼的翼端部因上下壓力差，空氣會從壓力大往壓力小的方向移動，而從旁邊往上翻，因而在兩端產生渦流，因而產生阻力。

4. 干擾阻力：空氣流經飛行物各組件交接點時所衍生出來的阻力。

   PS：請勿與飛機飛行時所受的四種力搞混。

衍生出的問題

一、請列出超音速飛行時，產生的阻力與原因。
二、寄生阻力的定義。
三、誘導阻力產生的現象與改進方式。

三、請繪圖並說明使用襟翼（Flap）及翼條（Slat）可以產生較高升力的原因，另請分別繪出使用（一）襟翼（二）翼條（三）不使用襟翼及翼條時，其升力係數 C_L 對攻角 α 的曲線圖。（25分）

解答

（一）

圖二　襟翼圖形　　　　　　　圖三　翼條圖形

　　襟翼圖形與如翼條圖形圖二與圖三所示，產生較高升力的原因分述如下：1.使用襟翼（Flap）襟翼主要是增加翼型的彎度來增加升力，讓飛機在低速時即獲得較大的升力。2.使用翼條（Slat）可以使失速攻角（或臨界攻角）延後，進而提高升力。

（二）使用（一）襟翼（二）翼條（三）不使用襟翼及翼條時，
　　其升力係數 C_L 對攻角 α 的曲線圖分別如圖四、圖五與圖
　　六所示。

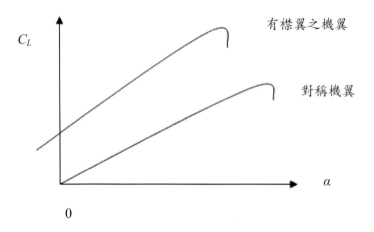

圖四　使用襟翼時升力係數 CL 對攻角 α 的曲線圖

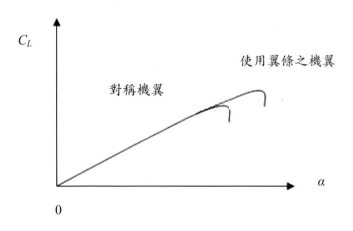

圖五　使用翼條時升力係數 CL 對攻角 α 的曲線圖

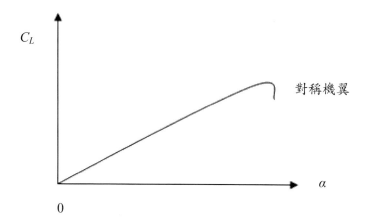

$$C_L$$

對稱機翼

$$\alpha$$

$$0$$

圖六　不使用襟翼及翼條時升力係數 CL 對攻角 α 的曲線圖

四、請寫出完整的柏努利方程式（Bernoulli's Equation），並請
　　繪圖及說明公式中的各符號意義。（25 分）

解答

（一）若考慮高度的差異，柏努力方程式為

$$P_1 + \frac{1}{2}\rho V_1^2 + \rho g h_1 = P_2 + \frac{1}{2}\rho V_2^2 + \rho g h_2 = cons\tan t$$

　　　若忽略高度的差異，則柏努力方程式可化簡為

$$P_1 + \frac{1}{2}\rho V_1^2 = P_2 + \frac{1}{2}\rho V_2^2 = cons\tan t$$

　　　我們可將上式寫成通用公式 $P + \frac{1}{2}\rho V^2 = P_t$

（二）各符號意義如圖七示意圖所示

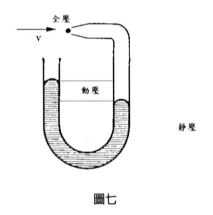

在通用公式中

P　　我們稱之為靜壓，是指當時的大氣壓力。

$\frac{1}{2}\rho V^2$　我們稱之為動壓，是指飛機飛行速度所產生的的壓力。

P_t　　我們稱之為全壓，是指靜壓與動壓的總和。

五、若噴嘴（Nozzle）之截面積與速度關係式（Area-Velocity Relation）如下：

$$\frac{dA}{A} = (M^2 - 1)\frac{dV}{V}$$

請解釋公式中各符號之意義，另請繪圖及說明超音速噴嘴之設計該如何？若噴嘴噴出之氣流超過音速，請以上述公式說明為何噴嘴內氣流速度 M=1 之點會位於噴嘴喉部（Throat）位置？（25分）

解答

（一）噴嘴（Nozzle）之截面積與速度關係式 $\dfrac{dA}{A} = (M^2 - 1)\dfrac{dV}{V}$ 中，A 是指面積，dA 是指面積的改變量，dA/A 是指面積的改變率。V 是指速度，dV 是指速度的改變量，dV/V 是指速度的改變率。

從上式我們可得一個重要觀念，那就是：

M＜1 （次音速流），面積變大，速度變小；面積變小，速度變大。

M＞1 （超音速流），面積變大，速度變大；面積變小，速度變小。

（二）由上可知，超音速噴射飛機的噴嘴，無法使用漸縮噴嘴（converging nozzle），而必須使用細腰噴嘴（converging-diverging nozzle）。其示意圖如圖八所示，因為在次音速區，面積要收縮才能加速；在超次音速區，面積要擴散才能加速，所以在此二區之間（喉部），M 必須等於 1。

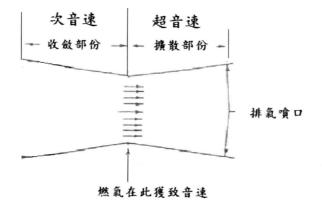

圖八

一、請說明次音速飛機使用何種噴嘴與使用原因。

二、請說明超音速飛機使用何種噴嘴與使用原因。

95 年民航人員考試試題

等　　別：三等考試

科　　目：航空駕駛

考試時間：二小時

※注意事項：

（一）不必抄題，作答時請將試題題號及答案依照順序寫在
　　　試卷上，於本試題上作答者，不予計分。

（二）得使用電子計算器。

一、何謂穩定裕度（Static Margin）？飛機在飛行時，飛行員如
　　何改變其穩定裕度？如果此飛機為一非傳統式的前置翼
　　（Canard）飛機，則其穩定裕度有何變化？（20 分）

解答

（一）所謂穩定裕度（Static Margin）在航空器被定義為飛機重
　　　心對縱向飛行線的可控穩定能力。

（二）飛行員可利用控制面所附加的補助力使飛機的空氣動力
　　　中心（或升力中心）作用於飛機的重心後面，讓飛機在
　　　縱軸（俯仰）方向的振動或是擾動隨時間增長而消失或
　　　減小達到縱軸（俯仰）方向的正性動態穩定的狀態。但

飛機在飛行時，飛行員藉由飛行操縱行為改變其穩定裕度並不容易，故多採用主動控制系統（即自動增穩系統；auto trim）主動控制相應舵，來隨時調節穩定裕度。

（三）傳統飛機的穩定性設計，使飛機的空氣動力中心（或升力中心）作用於整機的重心後面，如此的設計可使飛行攻角增大，升力增加的同時，飛機隨即產生一「下俯」的力矩，以穩定飛行姿態避免飛機攻角持續增大。而非傳統式的前置翼（Canard）飛機，若空氣動力中心在前，重心在後，則飛機呈靜態不穩定的狀態，雖然操縱靈敏，但缺點是難以控制，也就是穩定裕度不易控制。

二、試詳細說明一般民用飛機翼剖面（Airfoil）產生升力的機制，請務必包含庫塔條件（Kutta Condition）的作用。（20分）

解答

（一）所謂庫塔條件（Kutta-Condition）是說對於一個具有尖銳尾緣之翼型而言，流體無法由下表面繞過尾緣而跑到上表面，而翼型上下表面流過來的流體必在後緣會合。如果後緣夾角不為 0，則後緣為停滯點，表示速度為 $V_1 = V_2 = 0$（因為沿流線方向則速度會有兩個方向，對同一後緣點而言不合理，所以只能為 0），如果後緣夾角為 0，同一點 P 相等，則 $V_1 = V_2 \neq 0$，由上述也可知，在尖尾緣處，其上下翼面的壓力相等。

（二）基於 Kutta 條件，空氣流過機翼前緣（Leading Edge）時，會分成上下兩道氣流，並於機翼尾端（Trailing Edge）會合，所以對於一個正攻角的機翼而言，因為流經機翼的流體無法長期的忍受在尖銳尾緣的大轉彎，因此在流動不久就會離體，造成一個逆時針之渦流，使得流體不會由下表面繞過尾緣而跑到上表面，我們稱此渦流為啟始渦流（starting votex），隨著時間的增加，此渦流會逐漸地散發至下游，而在機翼下方產生平滑的流線，此時升力將完全產生。

三、試說明翼端渦流（Trailing Vortices）的產生機制及其對飛機起飛、降落時的影響，如一19人座之商務飛機在降落時尾隨一 B747 客機之後，則需保持多少距離？（20分）

解答

（一）所謂翼端渦流（Trailing Vortices）是機翼的翼端部因上下壓力差，空氣會從壓力大往壓力小的方向移動，而從旁邊往上翻，因此在兩端產生渦流，抑壓上翼面，越接近翼端，渦流越強，我們稱之稱為翼端渦流。

（二）此一現象會使有效攻角變小，並造成額外的阻力，我們稱這種阻力為誘導阻力，而原本的攻角與有效攻角之差為導致攻角（Induced Angle of Attack），由於攻角變小，相對升力亦隨之變小。除此之外，如圖一所示，跟在大飛機後面起降的小飛機，如果距離太近會被捲入大飛機

留下的翼端渦流中，而發生墜機事故。大型噴射客機所產生的翼端渦流，其體積甚至可以超過一架小飛機，且留下的翼端渦流有時可以持續數分鐘仍不散去，這也就是機場航管人員管制飛機起降，通常要有一定隔離時間的原因。

圖一

（三）翼端渦流的大小與飛機的起飛重量有關，因為飛機的起飛重量大，所需的推（升力）力大，相對的翼端渦流就大，隔離時間就長；因為飛機的起飛重量小，所需的推（升力）力小，相對的翼端渦流就小，隔離時間就短。根據民航法規：「同高度的隔離時間不得少於十分鐘」，故本題依飛機的重量與民航法規規定應不得少於十分鐘。

> ### 衍生出的問題

一、何謂飛機的尾流效應（Wake effect）？其成因為何？
二、為什麼它會影響飛機的飛行性能？
三、如何有效抑制或降低飛機的尾流效應【翼尖帆（Winglet）的設計】

四、飛機在進行五邊進場時，飛行員應如何操控、調整各控制面（Control Surfaces），試詳細說明之。（20分）

解答

（一）五邊飛行（Airfield traffic pattern），是訓練飛行員的一種重要課程，其主要環繞機場飛行。機師可從五邊飛行中學習起飛、爬升、轉向、平飛、下降及降落等重要飛行技巧。

（二）五邊進場之飛行步驟如下：

1. 起飛後，機師就會進入 Upwind（離場邊）。

2. 維持航向，當爬升至 500 呎，左轉 90 度，進入 Crosswind（側風邊）。

3. 維持航向，繼續爬升至 1000 呎。到達 1000 呎時，向左轉 90 度，進入 Downwind（下風邊）。

4. 維持航向及高度（1000 呎），航向為 270 並和跑道成一條平行線，反方向於離場跑道。此時，機師需要進行降落檢查，並向航管員表示進入 Downwind，要求飛行意向（在此為降落）。經航管員指示後，機師可以開始減速左轉 90 度並開始下降，進入 Base（底線）。

5. 進入下降階段，航向為 180，調至進場速度，再左轉 90 度，就進入 Final（最後進場邊）。

（三）

1. 在起飛、爬升與降落等階段，飛行員主要是利用襟翼（Flap）調整角度，並在前二階段，利用襟翼增加升力，在降落利用襟翼增加阻力。

2. 在轉向（偏航；Yaw）階段，飛行員主要是利用方向舵（Rudder）機頭左右移動。

3. 在平飛階段，飛行員則是利用裝置對操作面（副翼、升降舵、方向舵）進行微調，來穩定航機的姿態及航向的功能，使飛機保持在等高等速的巡航狀態。

4. 在下降階段，飛行員主要是利用升降舵（Elevator）使機頭上下移動（俯仰；Pitch）。

PS：如果時間不夠，解答（二）可以不寫。

五、何謂失速？請詳細以圖形及方程式 $L = \frac{1}{2}\rho V_\infty^2 S C_L$ 說明失速之成因，另請說明如何避免翼端失速（Tip Stall）。（20分）

解答

（一）所謂失速（Stall）是指飛機在低攻角的時候，升力會隨著攻角上升，但是到達臨界攻角時，機翼會產生流體分離現象，此時，升力會大幅下降，飛機將無法再繼續飛行，我們稱之為失速。

（二）如圖二所示：

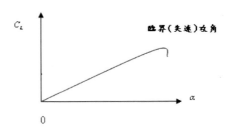

圖二

飛機在到達臨界（失速）攻角時，C_L 急速下降，因為 $L = \frac{1}{2}\rho V_\infty^2 S C_L$，所以飛機的升力急速下降而無法支撐飛機本身的重量，因此發生失速。

（三）機翼昇力來自上下翼面壓力差，但在靠近翼端處，上下翼面氣流會合形成 vortex（翼尖渦流），所以翼端的氣流較翼根紊亂，在低速高攻角時，翼端比翼根先由層流進入渦流，也就是翼端會比翼根先失速。為減緩翼端失速，常見對策有：

1. 翼端扭曲（aerodynamic twist），例如零式的主翼翼端比翼根帶-0.5 度攻角。

2. 翼端帆，例如波音 747-400。

3. Stall strip：在翼前緣裝銳利延伸，製造渦流，使失速在該處先發生，例如 F-4 幽靈式

4. 擾流片（vortex generator）：翼面上許多小片，製造小渦流以穩住邊界層。

　　PS：請勿將本題與 92 年考題「機翼失速問題（wing stall problem）」搞混。

96 年民航人員考試試題

等　　別：三等考試

科　　目：航空駕駛

考試時間：二小時

※注意事項：

（一）不必抄題，作答時請將試題題號及答案依照順序寫在
試卷上，於本試題上作答者，不予計分。

（二）得使用電子計算器。

一、如何決定一架飛機的飛行高度升限（Ceiling）？（10 分）
同時討論飛機的高度升限受那些因素影響？（10 分）

解答

（一）所謂飛機升限，是指航空器所能達到的最大平飛高度。
當飛機的飛行高度逐漸增加時，空氣的密度會隨高度的
增加而降低，從而影響發動機的進氣量，進入發動機的
進氣量減少，其推力一般也將減小。到達到一定高度時，
航空器因推力不足，已無爬高能力而只能維持平飛，此
高度即為航空器的升限。一架飛機的高度升限，在它出
廠時即設定好了，我們在設計飛機的時候，對於飛機
高度升限的問題，取決於飛機的推力、高度升限時的情

況（壓力、溫度與密度的問題）以及機型（氣動力）的考量。

（二）飛機的升限受到外界氣壓和氧氣濃度的影響，當外界氣壓過小和氧氣濃度過低時，就不能支持發動機工作，因此飛行高度就達到極限了，除此之外，飛機的重量、氣動力外形、發動機的性能以及高度升限時的情況（壓力、溫度與密度的問題）也都是影響飛機高度升限的因素。

衍生出的問題 ▶

一、試述飛機升限的種類。
二、試述理論升限的定義。
三、試述實用升限的定義。
四、試述提高飛機升限的主要措施。

二、何謂飛機的氣動力中心（aerodynamic center，AC）？（5分）何謂飛機的重心（center of gravity，CG）？（5分）何謂靜態穩定（static stability）？（5分）該飛機要形成靜態穩定的基本條件為何？（5分）

解答

（一）一般而言，空氣動力力矩是攻角 α 的函數。但在翼剖面上有一點，會讓力矩不隨著攻角 α 而變，此點就是空氣動力學中心（AC, Aerodynamic Center）。

（二）飛機各部分重力的合力著用點，稱為飛機的重心。重力
作用力點所在的位置，叫重心位置。重心具有以下特性：

1. 飛機在飛行中，重心位置不隨姿態改變。

2. 飛機在空中的一切運動，無論怎樣錯綜複雜，總可以將
其視為隨著飛機重心移動或繞著飛機重心的轉動。

（三）所謂之靜態穩定對飛機而言，即是飛機受到干擾打破原
來的平衡狀況時，有回到原來的平衡狀況的趨勢，稱之
為正性穩定（Positive Static Stability）。如繼續不平衡的
狀況或是不可能回到原來的平衡狀況時，稱之為負性靜
態穩定（Negative static stability）或乾脆稱之為靜態不穩
定（Static Instability）。

（四）一般傳統飛機的穩定性設計是使飛機的空氣動力中心
（或升力中心）作用於飛機的重心後面，如此的設計可
使當飛機飛行的攻角增大，升力增加時，有回到原來的
平衡狀況的趨勢。

衍生出的問題

一、試述平衡的定義。
二、試述動態穩定（Dynamic Stability）的定義。
三、保持飛機三軸穩定的方法

三、何謂失速（stall）？（4分）一架飛機發生失速的原因有那些？（8分）以及討論如何防止失速的發生？（8分）

解答

（一）所謂失速（Stall）是指飛機在低攻角的時候，升力會隨著攻角上升，但是到達臨界攻角時，機翼會產生流體分離現象，此時，升力會大幅下降，飛機將無法再繼續飛行，我們稱之為失速。

（二）一般而言，飛機發生失速的原因除了大攻角的飛行，還有惡劣氣候之亂流、猛烈飛行動作以及急推油門皆有可能造成失速現象的發生。

（三）如前所述，由於失速現象主要是發生在臨界攻角（或稱失速攻角）的情況，所以要避免失速現象的發生，主要的是讓飛行攻角小於臨界攻角，除此之外亦應避免猛烈飛行動作以及急推油門，造成壓縮機失速，導致失速現象的發生。

衍生出的問題

一、失速攻角的定義。
二、失速速度的計算公式之推導。

四、試討論皮氏管（Pitot tube）作為飛機空速計的工作原理為何？（10 分）以及討論其產生誤差的原因，同時如何做修正或校正以減低誤差的方法？（10 分）

解答

（一）其工作原理是利用柏努利原理求出速度，也就是空速

$$V = \sqrt{\frac{2(P_T - P)}{\rho}}$$

（二）空速計可能造成的誤差有

1. 儀表本身所造成的誤差。

2. 由於指示空速計的速度是利用柏努利原理所求出，也就是忽略空氣可壓縮性，所以若是在高速、高海拔的條件下，還需要修正由於空氣可壓縮性產生的誤差。

3. 一般我們所稱的空速分成指示空速（IAS，簡寫成 V_I）、校準空速（CAS，簡寫成 V_C）、當量空速（EAS，簡寫成 V_E）以及真實空速（TAS，簡寫成 V_T）四種，由其定義我們可知，空速計發生誤差的原因包含

   （1）儀表誤差。

   （2）位置誤差：由於安裝在飛機上一定位置的總、靜壓管處的氣流方向會隨飛機的具體型號和攻角而改變，因而影響了總、靜壓測量的準確度，導致量測空速的誤差。

   （3）空氣的可壓縮性。

（4）空氣密度的誤差：由於空速表的刻度盤是按照海平面標準大氣狀態標定的，隨著飛行高度改變，空氣密度也相應改變。

（三）我們先修正儀錶誤差後求出指示空速（又稱錶速，V_I），再修正位置誤差求出校準空速（V_C），然後修正空氣的可壓縮性差求出當量空速（V_E），最後依據 $\dfrac{V_T}{V_E} = \sqrt{\dfrac{\rho_0}{\rho}}$ 的關係式求出真實空速（V_T）。

五、假設地球大氣的對流層（troposphere, or gradient layer）由地表（或海平面）至高度 11 公里（km）處，而同溫層（stratosphere, or isothermal layer）則由 11 公里至高度 25 公里處。已知海平面的溫度為 288.16K，壓力為 1.01325 × 105 N/m²，而高度 11 公里處的溫度為 216.66K，且假設氣體常數為 287Nm/kgK。試計算：

（一）在同溫層與對流層的溫度隨高度的變化率（lapse rate）為何？（10 分）

（二）在高度為 20 公里處的壓力與空氣密度為何？（10 分）

解答

（一）

1. 對流層的溫度隨高度的變化率（溫度遞減率）為

$$\frac{T_1 - T_0}{h_1 - h_0} = \frac{216.66 - 288.16}{11} = -6.5 K/km = -0.0065 K/m$$

2. 同溫層由於在此高度區域內大氣溫度保持不變，因此對流層的溫度隨高度的變化率為 0。

（二）由於海平面的密度 $\rho_0 = \dfrac{P_0}{RT_0} = 1.225 kg/m^3$

1. 因為 $\dfrac{P_1}{P_0} = \left(\dfrac{T_1}{T_0}\right)^{\frac{g}{\alpha R}} = 0.22354$，所以在高度 11 公里時的壓力

   為 $P_1 = 0.22354 \times P_0 = 2.265 \times 10^4 \, N/m^2$

   又因為 $\dfrac{P}{P_1} = e^{-\frac{g}{RT}(h-h_1)}$ 所以在高度 20 公里時的壓力為

   $P = P_1 \times e^{-\frac{g}{RT}(h-h_1)} = 2.265 \times 10^4 \, N/m^2 \times 0.242 = 5.48 \times 10^3 \, N/m^2$

2. 因為 $\dfrac{\rho_1}{\rho_0} = \left(\dfrac{T_1}{T_0}\right)^{-\left(\frac{g}{\alpha R}+1\right)} = 0.297$，所以在 11 公里時的空氣密度為

   $\rho_1 = 0.297 \times \rho_0 = 0.364 kg/m^3$

   又因為 $\dfrac{\rho}{\rho_1} = e^{-\frac{g_0}{RT}(h-h_1)}$，所以在高度 20 公里時的空氣密度

   為 $\rho = \rho_1 \times e^{-\frac{g}{RT}(h-h_1)} = 0.364 kg/m^3 \times 0.242 = 0.088^3 kg/m^3$

97 年民航人員考試試題

等　　別：三等考試
科　　目：航空駕駛
考試時間：二小時
※注意事項：

（一）不必抄題，作答時請將試題題號及答案依照順序寫在
　　　試卷上，於本試題上作答者，不予計分。

（二）得使用電子計算器。

一、何謂需求推力（Required Thrust）？某架近代民用客機（如
　　波音 777）在相同速度、相同重量、但不同高度飛行時，低
　　高度（如近地面）或高高度（如 35000 英呎）二者何者之
　　需求推力較大？試詳述其原因。（20 分）

解答

（一）所謂需求推力是指飛機在特定高度下平飛時所需要的推
　　　力，此時飛機所需的推力等於阻力。

（二）因為在低空時，密度大，根據阻力公式 $D \equiv \frac{1}{2}\rho V^2 C_D S$，
　　　因此飛機在低高度飛行時比在高高度飛行時所需要的需
　　　求推力大。

一、試述可用推力與剩餘推力的定義。

二、試述渦輪噴射發動機（Turbojet Engine）推力的公式。

二、降落（Landing）與起飛（Take-off）何者較為困難？試說明飛行員在降落時，需要調整或注意那些飛機性能參數與外界環境因素。（20分）

解答

（一）起飛跟降落二者其實都有一定難度，但嚴格來說，降落時比較講求技術性，所需要調整或注意的事項較多，因此認為降落比起飛為困難。

（二）飛機降落時飛行員首先需要跟目的地機場做聯繫，塔台將告知你機場風向、風速以及降落跑道。在準備進場完以後，飛行員要開始減低油門，放下襟翼來增加浮力（也增加阻力），在4000ft左右便可以開始放起落架，都做好後，飛行員要實施降落前檢查（landing check），確定燈號（如降落燈以及滑行燈都開啟），然後開始最後的（final）降落階段時，飛行員要隨時確認飛機的速度（speed）以及下降率（vertical speed），飛機降落至跑道上空50呎，即開始進入落地程序，法規規定，飛機觸地（touch down）速度必須大於失速速度的1.15倍。除此之外，飛機必須要在跑道的1/3前觸地（touch down），

否則必須要重飛（go around），最後連絡機場地面管制滑行道停機坪。

三、何謂臨界馬赫數（Critical Mach Number）？它與飛機之最佳巡航速度有何關係？又為何具大後掠角（Swept Angle）機翼之飛機其巡航速度較大？試說明之。（20分）

解答

（一）所謂臨界馬赫數（critical Mach Number）是指飛機在接近音速飛行時，隨著飛行速度的增加，上翼面的速度到達音速，此時飛機飛行的馬赫數稱之為臨界馬赫數。

（二）飛機在到達臨界馬赫數時會產生震波，此時空氣阻力會驟增。在此速度區域飛行會消耗大量燃油，並且會影響飛行安全及存在噪音問題，因此飛機之最佳巡航速度要比臨界馬赫數（critical Mach Number）稍低一點。

（三）使用後掠翼可使機翼的臨界馬赫數增加，如圖一所示，若飛機的飛行馬赫數是 M_1，後掠角是 θ，流經弦長正交方向的馬赫數 $M_2 = M_1 \times \cos\theta$，$\theta$ 越大，M_2 越小，所以具大後掠角機翼之飛機巡航速度較大。

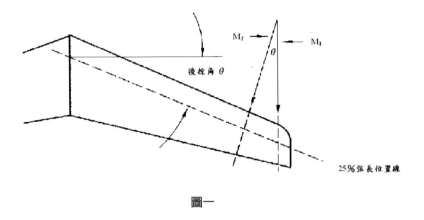

後掠角 θ

M_2 → → M_1

θ

25%弦長位置線

圖一

衍生出的問題

試述提昇臨界馬赫數的方式。

四、飛機在高攻角姿態飛行時，可能發生流體分離（Separation）、
新增尾流（Wake）及壓力阻力（Pressure Drag）等現象，
吾人可否利用柏努利方程式（Bernoullis Equation）以說明
此壓力阻力生成的原因？為什麼？（20分）

解答

（一）不能。

（二）因為柏努利方程式（Bernoullis Equation）的存在條件是
氣流流場的狀態是穩定流場，題目所述之氣流流場的狀
態是非穩定流場，故不能用其解釋。

五、為何載客用之民用飛機必須使用兩具以上的發動機？另詳細說明如飛機在起飛且尚未離開地面時，發動機之一如熄火則飛行員應有的處置方式，為什麼？（20分）

解答

（一）雙發動機的功用是為應付萬一其中一具發動機故障時的情況。

（二）若飛機的速度低於V1（決定起飛速度；Take-Off Decision Speed），發動機出現問題或者其它飛安狀況發生，飛行員可以選擇放棄起飛，因為飛機還有足夠的跑道剎車且停下來。相反的，如果飛機加速到V1後才發生問題，這時飛行員無論如何一定要讓飛機先起飛再說，因為放棄起飛的話，可能會因為速度太快加上剩餘跑道不夠長，因而衝出跑道（煞不住），所以到在空中再處理發生的狀況反而比較安全。

98 年民航人員考試試題

等　　別：三等考試

科　　目：航空駕駛

考試時間：二小時

※注意事項：

（一）不必抄題，作答時請將試題題號及答案依照順序寫在試卷上，於本試題上作答者，不予計分。

（二）得使用電子計算器。

一、試畫出任意三種一般客機（Boeing737, 747...等）尾翼的控制面（Control surfaces of tail），（10分）並分述其在飛行時的功能。（10分）

解答

（一）如圖一所示，尾翼主要是升降舵（Elevator）、方向舵（Rudder）、配平片（Trim tabs）、垂直安定面（Vertical stabilizer）以及水平安定面（Horizontal Stabilizer）所構成，其中主要控制面為升降舵以及方向舵，輔助控制面為配平片。也就是說尾翼的三種控制面分別為升降舵、方向舵以及配平片。

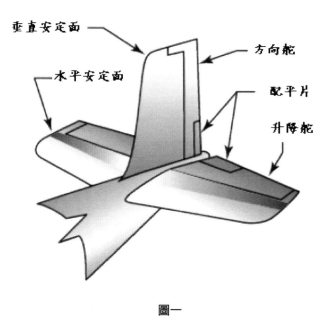

圖一

（二）各控制面在飛行時的功能分述如下：

1. 升降舵（Elevator）：是使機頭上下移動之控制面。

2. 方向舵（Rudder）：是使機頭左右移動之控制面。

3. 配平片（Trim tabs）：用於調整有關的主操縱面位置。
   它們經常是通過鉸接方式安裝在操縱面的後緣，並可在
   駕駛艙內操縱其動作。配平片通過改變氣流方向產生氣
   動力使主操縱面保持在希望的位置上。因為它們位於主
   操縱面支點的最遠端，則只需要產生較小的氣動力就可
   通過槓桿作用實現偏移主操縱面的目的。

   PS：垂直安定面及水平安定面通常我們不會把它們當做
   　　　是控制面，切記！切記。

一、試述垂直安定面及水平安定面的定義。

二、試述保持飛機三軸穩定的方法。

二、雷諾數（Reynolds number）定義為何？（8分）雷諾數對
　　最大升力係數（Maximum lift coefficient）的影響為何？
　　（6分）又何謂臨界雷諾數（Critical Reynolds number）？
　　（6分）

解答

（一）雷諾數（Reynolds number）定義為 $R_e \equiv \dfrac{\rho VL}{\mu} \equiv \dfrac{VL}{\upsilon}$。

（二）在低雷諾數時，機翼之失速攻角和最大升力係數，比在
　　　高雷諾數時要低。

（三）臨界雷諾數（Critical Reynolds number），我們可以定義
　　　管中層流（Laminar flow）與紊流（turbulent flow）的界
　　　限點。任何流體的流動，均可以臨界雷諾數來區分層流
　　　與擾流。

三、近年來仿生學（Bio-mimicry）研究較盛行，試舉出人們模
　　仿「昆蟲或植物」飛行的二個例子，（6分）並說明其原理
　　（8分）及近代類似的飛行器有那些？（6分）

　　仿生學可以粗略的定義為：從自然界合法「剽竊」許多設計及想法，應用來改善人類技術；或者可以說是受自然的啟發，藉由了解其運作機制，去開發新技術解決問題。

（一）人們模仿「昆蟲或植物」飛行的例子

1. 利用蜜蜂的蜂窩結構來設計飛機。

2. 利用樹葉的追日功能來設計飛機。

（二）使用原理

1. 蜜蜂蜂巢由一個個排列整齊的六棱柱形小蜂房組成，每個小蜂房的底部由 3 個相同的菱形組成，是最節省材料的結構，且容量大、極堅固，人們仿照其構造用各種材料製成蜂巢式夾層結構板，強度大、重量輕、不易傳導聲和熱。

2. 樹葉努力追尋葉縫中遺漏過來的陽光成長，而形成樹蔭，讓我們想到太陽能板加裝追日功能。

（三）近代類似的飛行器

1. 人們仿照蜂巢構造製成蜂巢式夾層結構板，是用來製造航天飛機、宇宙飛船、人造衛星等的理想材料。

2. 人們仿照樹葉的追日功能提高太陽能飛機的效率。

四、飛機發動機與機身整合是一複雜工程，發動機置放位置會影響飛機的安全、控制、阻力……等。試列出後置發動機安排（Aft-engine arrangement）的優點或缺點共五項。（20分）

（一）優點

1. 由於發動機不裝在機翼下，所以機翼相對「乾淨」，可以最大限度地提高機翼氣動效率。

2. 前、後緣增升裝置不再會因為有吊掛和噴流的存在而被打斷，可以實現理想的高升力佈局，改善飛機的起飛和著陸特性。

3. 可以按照優選的縱向和橫向操縱，穩定要求來確定機翼上反角，不再受發動機短艙及進氣道唇口離地高度的制約。

4. 尾吊佈局的發動機使客艙前部和中部大部分客艙內噪音更低，旅客的視野較好。

5. 由於進氣道離地高，吸入外物打傷發動機的概率較小。

（二）缺點

1. 發動機進氣口處於機翼尾流和機身洗流之中，氣流情況不如翼吊佈局直接，進口流場較差，進氣效率較低。

2. 飛機在側滑時機身對發動機進氣口有遮蔽作用，如吸入這種混有分離流的氣流，對發動機性能影響較大。

3. 後置發動機加上高平尾佈局，較容易在大攻角時發生產生失速。

4. 發動機置於後機身兩側平尾必然高置，為防止垂尾顫振，安定面結構要有較大的加強。

5. 由於發動機及短艙的吊掛的慣性載荷，必須要求機身尾段與尾翼結構大幅度加強。

6. 由於重心的後移因而降低了飛機的縱軸穩定。

7. 發動機位置較高，對檢查和維護帶來不便。

五、飛機失事原因眾多，試列出其中人為因素（Human factor）
　　五項；（10分）並且由飛機失事分佈圖（Accident profiles）
　　中，可發現最易失事統計中有關飛行員的年紀、飛行時數、
　　飛行狀態大約為何？（10分）

解答

（一）飛機失事肇因中的人為因素包含飛行人為、修護人為及
　　　航管人為等三種，就駕駛員而言，精神不集中、疲勞、
　　　生病、喝酒、藥物、意識喪失以及經驗不足導致判斷錯
　　　誤，均有可能造成飛機失事。

（二）

　1. 根據資料顯示，年齡在 40 至 49 歲的男飛行員中，因判
　　　斷錯誤而導致飛機失事的比率高達 33%，但是在年齡為
　　　55 歲以上的男飛行員中，只剩 17% 還會因為判斷錯誤而
　　　造成飛機失事墜毀。

　2. 根據資料顯示，飛機因飛行時數造成失事的比例大約是
　　　0.5～1%。

　3. 根據資料顯示，以失事事件發生階段（飛行狀態）來看，
　　　如果不包括蓄意破壞、亂流傷害、軍事行動及撤離傷害
　　　等因素，自離場到爬升階段占了 31.5%、下降到落地階
　　　段占 62.7%、正常巡航僅占 5.7%。從以上數據看出，飛
　　　機失事幾乎 95% 左右都是發生在起降二個階段。

一、試述飛機失事原因的類型。
二、試述飛機失事原因的類型所佔的比例。

99 年民航人員考試試題

等　　別： 三等考試
科　　目： 航空駕駛
考試時間： 二小時
※**注意事項：**

（一）不必抄題，作答時請將試題題號及答案依照順序寫在
　　　試卷上，於本試題上作答者，不予計分。

（二）得使用電子計算器。

一、飛機於空中飛行的速度為 V∞，而當時聲音的速度為 a∞，請
　　以此兩速度表示飛機馬赫數（Mach Number）的公式為何？
　　（10 分）並請列出次音速、音速及超音速的馬赫數為何？
　　（10 分）

解答

（一）飛機馬赫數（Mach Number）的公式為 $M_a = \dfrac{V_\infty}{a_\infty}$ 。

（二）次音速流（subsonic flow）、穿音速流（transonic flow）與
　　　超音速流（supersonic flow）的定義（馬赫數區間）如下：

　　1. $M_a < 0.8$　　　我們稱此區域的流場為次音速流，整個
　　　　　　　　　　　　流場無震波產生。

2. $0.8 < M_a < 1.2$　　我們稱此區域的流場為穿音速流，震波首次出現，整個流場分成次音速流與超音速流。由於流場混合的緣故，欲在穿音速流做動力飛行，是非常困難。

3. $1.2 < M_a$　　我們稱此區域的流場為超音速流，有震波出現，但無次音速流存在。

二、請繪圖說明飛機的上反角（Dihedral Angle）為何？（10分）並請說明上反角對飛機的飛行穩定有何幫助？（10分）

解答

（一）如圖一所示，所謂之上反角是機翼的側角對水平方向而言，另外所謂正上反角（Positive Dihedral）是翼尖高於翼根的水平面，而負上反角（Negative Dihedral）是翼尖低於翼根的水平面。

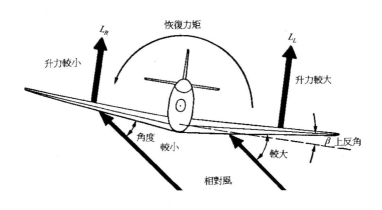

圖一

（二）機翼的升力（Lift）是當機翼水平時最大，即上反角等於零時，而當上反角增加時，機翼上之升力會減小，如圖一所示。當飛機開始有側軸不穩定現象時，即開始有翻滾動作時，此時飛機的右翼之升力較大，而左翼因上反角增大而升力減低，如此則有一力矩使飛機恢復原狀，即消去向右轉動的趨勢，而因兩側的升力相差，可以將飛機向左轉動而恢復原狀。這個就是因上反角而產生升力而保持了側軸穩定問題（Lateral Stability）。

衍生出的問題

試述保持飛機三軸穩定的方法與原理。

三、請寫出下圖所標示□1至□5的飛機各部位專有名稱為何？（10分）並請說明其功能為何？（10分）

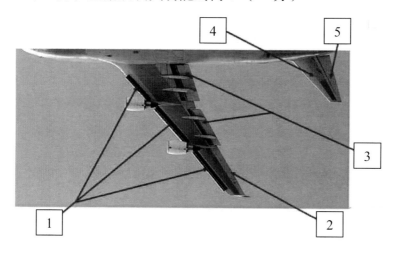

（一）

　　□1 是前緣襟翼（leading edge slat），□2 是副翼（Airelon），

　　□3 是襟翼（Flap），□4 是水平安定面（Horizontal Stabilizer），

　　□5 是升降舵（Elevator）。

（二）

1. 前緣襟翼：可以使失速攻角（或臨界攻角）延後，進而提高升力，縮短起飛時跑道的距離。

2. 副翼（Airelon）：是使機身左右滾轉之控制面。

3. 襟翼（Flap）：主要功能為增加機翼面積使其增加升力（同時也會產生阻力），一般用於起飛時，增加升力以及下降時，增加阻力。

4. 水平安定面（Horizontal Stabilizer）：飛機的水平安定面就能夠使飛機在俯仰方向上（即飛機擡頭或低頭）具有靜穩定性。

5. 升降舵（Elevator）：是使機頭上下移動之控制面。

四、大型客機巡航速度多為 0.85 馬赫，因此機翼均採用梯形及後掠角的設計（如上圖），請說明此設計可減少何種阻力？（10 分）並請說明原理為何？（10 分）

解答

（一）此設計是延遲臨界馬赫數，減少或避免（震）波阻力（Wave Drag）。

（二）使用後掠翼可使機翼的臨界馬赫數增加，如圖一所示，
　　若飛機的飛行馬赫數是 M_1，後掠角是 θ，流經弦長正交
　　方向的馬赫數 $M_2 = M_1 \times COS\theta$，$\theta$ 越大，M_2 越小，所以具
　　大後掠角機翼之飛機巡航速度較大。

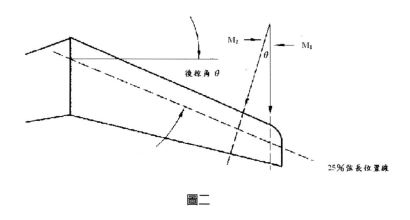

圖二

五、飛機在飛行時產生的寄生阻力（Parasitic Drag）主要可分為
　　那三類？（10 分）並請說明產生的原因及如何減少此類阻
　　力？（10 分）

解答

（一）寄生阻力（Parasitic drag）是形狀阻力、摩擦阻力以及干
　　擾阻力的總和。

（二）各類阻力產生的原因及如何減少此類阻力的方法分述
　　如下：

1. 形狀阻力／壓力阻力（form drag／pressure drag）是物體形狀所造成的阻力（物體前後壓力差引起的阻力），飛機做得越流線形，形狀阻力就越小。

2. 摩擦阻力（Skin friction drag）是空氣與飛機摩擦所產生的阻力，飛機表面越平滑，摩擦阻力就越小。

3. 干擾阻力（interference drag）：空氣流經飛行物各組件交接點時所衍生出來的阻力，通常對機體除冰與除塵可有效減少此類阻力。

PS：其中形狀阻力及表面摩擦力之和也稱為型阻（profile drag），而寄生阻力（Parasitic drag）＝形狀阻力＋摩擦阻力＋干擾阻力。

衍生出的問題

一、阻力的種類、產生的原因與方法。
二、阻力與飛行速度的關係。
三、飛行速度與寄生阻力的關係。
四、飛行速度與誘導阻力的關係。

PS：衍生出的問題二、三、四千萬不要搞混。

100 年民航人員考試試題

等　別：三等考試

科　目：航空駕駛

考試時間：二小時

※注意事項：

（一）不必抄題，作答時請將試題題號及答案依照順序寫在
　　　試卷上，於本試題上作答者，不予計分。

（二）得使用電子計算器。

一、請簡單繪製飛機尾翼圖型，其中包括：水平安定面（Horizontal
　　Stabilizer）、垂直安定面（Vertical Stabilizer）、升降舵
　　（Elevator）及方向舵（Rudder），並請分別說明其功能為
　　何？（25分）

解答

（一）飛機尾翼之構造圖如圖一所示

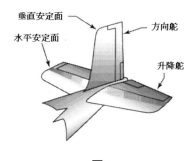

圖一

（二）題目所列飛機尾翼構造之功能分述如下：

1. 水平安定面（Horizontal Stabilizer）：飛機的水平安定面的作用是使飛機在俯仰方向上（即飛機擡頭或低頭）具有靜穩定性。

2. 垂直安定面（Vertical stabilizer）：飛機的垂直安定面的作用是使飛機在偏航方向上（即飛機左轉或右轉）具有靜穩定性。

3. 升降舵（Elevator）：是使機頭上下移動之控制面。

4. 方向舵（Rudder）：是使機頭左右移動之控制面。

二、若三維機翼之翼展（Span）為 b、機翼面積（Area）為 S、弦長（Chord）為 c，請依此推導出展弦比（Aspect Ratio；AR）公式 $AR = b^2/S$；其次，若三個機翼擁有相同之翼型（Airfoil）及不同的展弦比（如：$AR = 20$、10、5），請以攻角 α 為 X 軸，C_L 升力係數為 Y 軸，大略繪出各機翼升力係數曲線，亦請說明不同 AR 對升力係數曲線所造成之影響為何？（25 分）

解答

（一）對稱翼型 AR＝20、10、5 之的升力係數 CL 與攻角 α 的定性關係圖如圖二所示

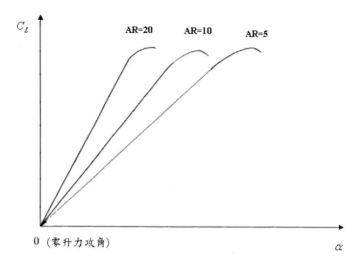

C_L

AR=20　　AR=10　　AR=5

0 (零升力攻角)

α

圖二

（二）從圖二我們可以看出高展弦比機翼比低展弦比機翼的升
　　　力係數曲線之斜率大，且升力係數曲線之斜率會隨著展
　　　弦比的減少而減少。

三、請問飛機降落跑道並滑行時，所用的煞車裝置主要為那三
　　種？並請分別說明三種裝置各自運用何種力進行煞車。
　　（25分）

解答

如下表所示

	煞車裝置	運用力的類型
一	車輪煞車	地面動摩擦力、油壓力、碟煞反制力。

一	引擎逆噴射／推力反逆器 （Thrust reversers）	引擎推力。
三	減速板／擾流器／襟翼 ／阻力傘	空氣阻力。

四、若飛機飛行在 10000 公尺高空時的空氣密度為 ρ，此時飛機的真實空速（True Air Speed）為 V，請以前述符號表示空氣動壓（Dynamic Pressure）P_d的公式，並請說明為何此時飛機的真實空速會比飛機空速表所顯示的指示空速（Indicated Air Speed）高很多？（25分）

解答

（一）空氣動壓（Dynamic Pressure）P_d 的公式 $P_d = \dfrac{1}{2}\rho V^2$

（二）由於指示空速計的空速表的刻度盤是按照海平面標準大氣狀態標定的，依據柏努利原理，指示空速 $V_I = \sqrt{\dfrac{2(P_t - P)}{\rho_0}}$，而真實空速依據柏努利原理 $V_T = \sqrt{\dfrac{2(P_t - P)}{\rho}}$，在高空時，空氣稀薄，空氣密度 ρ 遠較海平面空氣密度 ρ_0 小，所以真實空速 V_T 遠大於空速表所顯示的指示空速 V_I。

衍生出的問題

一、試述空速表可能造成的誤差。
二、試述修正或校正空速表以減低誤差的方法。

應用科學類　PB0018

飛行原理重點整理及歷年考題詳解
——民航特考、飛航管制、航空通信考試用書

作　　者 / 陳大達（筆名：小瑞老師）
責任編輯 / 黃姣潔
圖文排版 / 郭雅雯
封面設計 / 王嵩賀

發 行 人 / 宋政坤
法律顧問 / 毛國樑　律師
出版發行 / 秀威資訊科技股份有限公司
　　　　　114 台北市內湖區瑞光路 76 巷 65 號 1 樓
　　　　　電話：+886-2-2796-3638　傳真：+886-2-2796-1377
　　　　　http://www.showwe.com.tw
劃撥帳號 / 19563868　戶名：秀威資訊科技股份有限公司
　　　　　讀者服務信箱：service@showwe.com.tw
展售門市 / 國家書店（松江門市）
　　　　　104 台北市中山區松江路 209 號 1 樓
　　　　　電話：+886-2-2518-0207　傳真：+886-2-2518-0778
網路訂購 / 秀威網路書店：http://www.bodbooks.com.tw
　　　　　國家網路書店：http://www.govbooks.com.tw

2013 年 3 月 BOD 一版
定價：360 元
版權所有　翻印必究
本書如有缺頁、破損或裝訂錯誤，請寄回更換

Copyright©2013 by Showwe Information Co., Ltd.
Printed in Taiwan
All Rights Reserved

國家圖書館出版品預行編目

飛行原理重點整理及歷年考題詳解 / 陳大達著.-- 一版. --
　臺北市 ： 秀威資訊科技, 2013.03
　　面 ； 　公分. -- (應用科學類 ; PB0018)
BOD 版
ISBN 978-986-326-079-0(平裝)

1. 飛行　2. 航空力學

447.55　　　　　　　　　　　　　　　　102002596

讀 者 回 函 卡

感謝您購買本書，為提升服務品質，請填妥以下資料，將讀者回函卡直接寄回或傳真本公司，收到您的寶貴意見後，我們會收藏記錄及檢討，謝謝！
如您需要了解本公司最新出版書目、購書優惠或企劃活動，歡迎您上網查詢或下載相關資料：http:// www.showwe.com.tw

您購買的書名：＿＿＿＿＿＿＿＿＿＿＿＿＿＿＿＿＿＿＿＿＿＿＿＿＿＿

出生日期：＿＿＿＿＿＿年＿＿＿＿＿＿月＿＿＿＿＿＿日

學歷：□高中 (含) 以下　　□大專　　□研究所 (含) 以上

職業：□製造業　□金融業　□資訊業　□軍警　□傳播業　□自由業
　　　□服務業　□公務員　□教職　　□學生　□家管　□其它＿＿＿＿

購書地點：□網路書店　□實體書店　□書展　□郵購　□贈閱　□其他

您從何得知本書的消息？

　□網路書店　□實體書店　□網路搜尋　□電子報　□書訊　□雜誌
　□傳播媒體　□親友推薦　□網站推薦　□部落格　□其他＿＿＿＿＿＿＿

您對本書的評價：(請填代號　1.非常滿意　2.滿意　3.尚可　4.再改進)

　封面設計＿＿＿　版面編排＿＿＿　內容＿＿＿　文／譯筆＿＿＿　價格＿＿＿

讀完書後您覺得：

　□很有收穫　□有收穫　□收穫不多　□沒收穫

對我們的建議：＿＿＿＿＿＿＿＿＿＿＿＿＿＿＿＿＿＿＿＿＿＿＿＿＿

＿＿＿＿＿＿＿＿＿＿＿＿＿＿＿＿＿＿＿＿＿＿＿＿＿＿＿＿＿＿＿＿＿＿

＿＿＿＿＿＿＿＿＿＿＿＿＿＿＿＿＿＿＿＿＿＿＿＿＿＿＿＿＿＿＿＿＿＿

＿＿＿＿＿＿＿＿＿＿＿＿＿＿＿＿＿＿＿＿＿＿＿＿＿＿＿＿＿＿＿＿＿＿

請貼
郵票

11466
台北市內湖區瑞光路 76 巷 65 號 1 樓

秀威資訊科技股份有限公司　　　收

BOD 數位出版事業部

．．

（請沿線對折寄回，謝謝！）

姓　　名：＿＿＿＿＿＿＿＿＿　年齡：＿＿＿＿　性別：□女　□男

郵遞區號：□□□□□

地　　址：＿＿＿＿＿＿＿＿＿＿＿＿＿＿＿＿＿＿＿＿＿

聯絡電話：(日) ＿＿＿＿＿＿＿＿＿＿ (夜) ＿＿＿＿＿＿＿＿＿

E-mail：＿＿＿＿＿＿＿＿＿＿＿＿＿＿＿＿＿＿＿＿